葵儿多丽/著

U0224193

wei jue sen lin

味觉森林

—— 世界名食在家DIY

重庆出版集团 重庆出版社

图书在版编目(CIP)数据

味觉森林——世界名食在家DIY / 葵儿多丽著. —重庆：重庆出版社,2016.8

ISBN 978-7-229-11045-1

Ⅰ.①味… Ⅱ.①葵… Ⅲ.①菜谱—世界 Ⅳ.①TS972.18

中国版本图书馆CIP数据核字(2016)第048579号

味觉森林——世界名食在家DIY

WEIJUE SENLIN——SHIJIE MINGSHI ZAI JIA DIY

葵儿多丽 著

责任编辑:陶志宏 张 蕊
责任校对:杨 婧
装帧设计:重庆出版集团艺术设计有限公司·刘沂鑫

重庆出版集团
重庆出版社 出版

重庆市南岸区南滨路162号1幢 邮政编码:400061 http://www.cqph.com

重庆出版集团艺术设计有限公司制版
重庆市国丰印务有限责任公司印刷
重庆出版集团图书发行有限公司发行

E-MAIL:fxchu@cqph.com 邮购电话:023-61520646

全国新华书店经销

开本:890mm×1240mm 1/32 印张:7.75 字数:136千
2016年8月第1版 2016年8月第1次印刷
ISBN 978-7-229-11045-1

定价:35.00元

如有印装质量问题,请向本集团图书发行有限公司调换:023-61520678

我 的 美 食 宣 言

我们与某种食物、某个人结缘，就像是谈一场恋爱，一见钟情靠的是美貌与惊艳，一口定情讲的是机缘。那份烈火烹油的色香之美在岁月长河中是最不容易流逝的。面对一份或浓艳或清淡的美食，你先是一下被吸引，然后被征服，然后成为一生的铁粉。这种发展的过程，就像一场轰轰烈烈的老式恋爱，到后来就成为温火煲陈汤，一年更比一年香。再爱到后来，就到了"问世间情为何物，直教人生死相许"的境界！真正的美食是很纠缠人的，但我们却深陷其中不悔，纠缠一生不厌。

吃是人生最重要的事，凌驾于宗教和学问之上。这是林语堂先生说的。以前的人吃饭是果腹，现代人追寻的是吃的情调和艺术：怎样吃得好，怎样吃得妙，怎样在家里也能吃到周游世界各地时让你念念不忘的美食。飞机在地球上从一个点到另一个点之间画着直线，人们可以在很短时间内在地球村里穿梭。老话说，行万里路胜读万卷书，说的就是出门有益这个理。一边游，一边吃，一边储存所有的见闻，真是赏心乐事一件。美食与旅游就像一对在水里纠缠打滚的鱼儿，舒适，不可分离。

美食绝艺于女人就是手里一把锋利的刀，可以慢慢地，温柔地杀掉她心爱的人，让他死心塌地地缠住她，同时也可以帮助她心爱的人，为他磨刀砺剑。黄蓉精心烹饪的"二十四桥明月夜"用一把"豆腐球"砸晕洪七公为郭靖挣得了徒弟的地位。"二十四桥明月夜"这道菜做的关键是火腿，但吃的精华却是豆腐，火腿完事后便弃之不用了。无独有偶，在西班牙南部靠近马拉加的一个小村庄里，有一个女子为了她爱吃肉的钟情男子，尽毕生之力研制出一个叫作"春膳"

的肉锅，从而如愿抱得情人归。这个"肉锅"可以说是集欧洲吃肉文化于一体，网罗了几乎全部可以在食谱中找到的肉食。这个"春膳"的做法还很特别，它基本上可以说是一道极别致的"肉中肉"和"锅中锅"的大肉菜。它的做法是先用一个巨大的陶制的锅，在锅中放一半的水，然后架在火炉上。水里搁入各种你能想到的肉，主要指各种加了 N 种辛香料的，经过第一道制作的肉肠，肉片；随后在大锅里放进一个铁支架，在支架上再放一个敞口的盆子，盆里装满了各种鲜肉。在大火烹煮的时候，盆子里的肉被肉锅的蒸汽所熏蒸，在高温下鲜肉开始往外溢汁儿，这些汁儿掉入大锅里，反过来越来越浓的肉汤不断熏蒸着越来越熟的鲜肉，大火熏炖半天，再小火焖半天，最后随着火力的逐渐减弱，那盆集万千宠爱于一身的蒸肉和汇万种精华于一锅的肉汤便在这一蒸一煮中百炼成精了。再补充一句，蒸好的肉会就着一堆辛香料和鲜香草食用，汤就不在此赘述了，相信你的美食想象力！

当你在驴行各地时应该时不时地会听到各种与美食有关的传说，各种靠谱不靠谱的美食秘方，还时不时会有遗憾发生吧？如果你是一个合格的吃货，那么大多数遗憾应该都与入口的美味有关吧？偶尔遇到一个名不见经传但食物却鲜美无比的小馆子，你就会想，哎呀要是在我住的城市也有这样一个餐馆就好了！如果有那么一个人能将她的见闻和你的驴游感触以及关于美食的遗憾汇集在一起，再像一个黑客入侵他人电脑，或撬开手机密锁般地对食物秘方进行解密，然后告诉你结果，相信你一定会享受那种资源共享的小秘密吧。葵儿两只脚走南闯北，一张嘴吃遍天下。她游历世界时且行且记，收集了很多美食故事和秘方并由此得到了一个最直接的做菜心得，那就是：广征博采、独立创作。在这"八字方针"的指导下，她将很多美食收入麾下，并将它们逐个改造，进而形成自己独一门的绝活，英文叫"fusion"。"fusion"这个词近

些年来非常流行，比较贴切的翻译应为：以大众西餐为基础，再与某一种异域美食混合。这个混合体多指亚洲各菜系，最后就调教出了一个很漂亮的混血美女。下面本书将为你展开的就是一个厨娘用味蕾游世界的美食心得。葵儿将用她最大的努力为你找到，并帮你打开那扇盛满色香味的窗。

还有一点很重要，没有天生的美食家，也没有天生的巧妇，笨妇和巧妇之间差的就是那一点点技巧，而技巧是可以炼成的，唯一不会改变的是你那颗爱吃的心。有了这颗心一切都好办！

下面，我们边走边吃，慢慢地用我们所有的感官来细细品味这个世界。

contents

Part 1

味觉像花一样盛开

——行走欧罗巴

1.

多瑙河畔，排骨飘香

在人们的心目中，排骨好吃但却不是一道浪漫的菜肴。可是，下面的这一幕却发生在一个浪漫得无以复加的地方——美丽的多瑙河畔：整条的排骨，盛在了厚墩墩的木盘上，如山一般在金发碧眼侍应的举托下送到你的面前。

夏日漫长的白日一直延续到将近十点，坐在风景美丽的地方露天晚餐成为当地人和远方客人夏季最心仪的事情。在维也纳的街街巷巷里到处都流传着音乐名人的各种段子，就连风儿都在吹送着有关他们的轶事，音乐声带着跳动的旋律在风中不停地滑过，而大块的烤排骨却为这个充满精灵气的城市增添了一些人间烟火。这家著名的烤排骨酒店坐落在一个很旧的小码头边，据说是斯特劳斯告别情人的地方。很有趣的事情是坐在那儿一边看着烟雨夕阳下的多瑙河曲曲弯弯，幽怨地展露着风情，另一边满满登登的大块排骨在健步如飞的侍应手中效率很高地快速传递着，笔者仿佛看见一个独居深闺，精装细饰的贵妇在与一个着粗布大褂，烟火气满身的

厨娘讲一些双方互相都听不懂的话，而两人却都还欢乐融融，陶醉其中。是的，从某种程度来说，烤排骨就是给人这样的一种感觉，貌似不搭调，其实很靠谱。

前一阵子，还从朋友处听来一个段子，讲的是一个厨师用烤排骨的精神和耐力追求女友，最终抱得美人归的故事。排骨很美味，做排骨这道菜却需要一些毅力、一些耐心和一些技巧，就像追求女孩子一样。在刚开始因不懂，干什么都不得要领，后来一旦入了门就发现其实并没有想象的那么难，而一旦明白了其中的真谛就会感觉得心应手，要风得风，要雨得雨，做菜是这样，做人亦如此。

另外据爱美的女士们评论说，排骨对于喜欢吃肉又担心长得太肥的人来说也是一个较好的选择，那些肉能满足美食者的味蕾，而从大量的骨头剔肉的过程却又能让进食者延缓进食速度，让大脑按时释放已饱的信息，减少进食量。看来吃排骨还好处多多啊。

很多人去美式西餐厅就餐时最喜欢点的两样菜，一是牛排，二就是烤排骨了。烤排骨又香又软，排骨酱味浓汁醇，一上就是一大盘，是一款踏踏实实，落胃为安的食物，特受口味较重的饮食潮人追捧。朋友在尝过波特曼酒店里的烤美排后对我说，那里的食物风味十足，环境风情十足，连小小的桌饰都在不经意间用它的细微之处打动人心，让人的肠胃在大快朵颐之际还留出一个空间让精神走走神、遛遛弯。

有时去西餐馆吃饭，并不一定就是为了那点盘子里的食物而是看重它的环境、它的情调和氛围。但实际上这一切都是可以在自己家里做到的，而且可以做得更好、更爽。下面就贡献出一点小小的诀窍，怎么在自己家营造出比五星级更加私密，更独一无二的调调。当然除了表面文章外，桌上的食物也必须是五星级的。

|布|置|桌|面|

如何布置桌面其实就是如何布置你自己的心情。

如果这就是平常的一天，你想和你的另一半共同过一个温馨的，有美酒相伴的美食之夜，你先将灯光调得暗暗的，简单地选一条奶油色的桌布（或桌旗），不用临时买花，就在中心摆一个敞口大碗（陶做的），从厨房就地取材挑一两个大西红柿，两三个柠檬，红绿柿子椒各一个，取香菜几缕，九层塔数支斜插于那堆红黄绿之间，外加一支蜡烛，就足够了（呵呵，一般西餐厅也没有这种私密，自然原始的桌饰）。

噢，对了，还有音乐。选音乐也可从简，比如说大自然的声音，那种心灵音乐与桌饰们可算绝配。

蜜汁普洱茶烤排骨

● **材料：**肋条小排骨1千克，普洱茶叶（熟普洱）两大勺，蜜糖两大勺（喝汤用勺），老抽半碗（小饭碗），烧烤酱适量。

● **准备：**将排骨洗净后，去掉表面多余的筋膜；将排骨切成适合你烤盘大小的块，然后泡一杯浓普洱茶，将蜜糖溶入茶里。将排骨平置于烧烤盘内，然后浇上蜜糖普洱茶水、少许老抽，然后在排骨表面刷上一层烧烤酱。用铝箔纸盖上后，置于冰箱内浸泡一晚。

● 做法：将烤箱调至烧烤一栏（bake），温度 400 摄氏度，时间设置两个半小时，确认铝箔纸将排骨很严密地盖好，然后将烤盘置于烤箱底层烤制。

两个半小时后就可享用一般饭店里 30 美元才能享用的烤排骨了。带有普洱茶的排骨味道特别，既有肉的鲜美，又不油腻，经茶水浸泡后，味道多了好几个层次，慢慢品味吧！

小贴士：本盘佐餐小食的最佳搭配为腌的酸黄瓜、鲜切的苹果片或桃片。

配酒建议

一般配酒：俗话说红酒配红肉，选一支赤霞珠酒就很好，赤霞珠独有的微涩口感与肉的浓味正相匹配。在选酒上可以试试南美的酒，智利、阿根廷均有很多价平物美的好酒可供选择。

独家建议：这个建议有点打破常规，但决不哗众取宠。你可以很大胆地试试用非常干的干白来佐餐。排骨中的肉香、茶香所产生的浓郁口感，被干白里的那种清冽的酸一漂淡，胃里就会有骤然一松的感觉，很不一样。Chadoney干白也是一个上乘的选择。

2.
活色生香话橄榄

"不要问我从哪里来，我的故乡在远方"，熟悉的旋律将我们一下拉回到过去的青葱岁月。齐豫的一曲《橄榄树》唱得多少人心旌荡漾，同时又唱得多少人热泪盈眶，它成为海外游子们的一种精神寄托和念想。以前听这首歌的时候并不知道橄榄树到底是怎样的一种树，后来慢慢对橄榄有了一些了解和切身体会之后，才知道原来橄榄树是这样一种植物：橄榄树又号称树中的骆驼，因为它自身可以积蓄大量的水分以应付干旱的季节；它的生命可以从几百年到上千年（最老的橄榄树在耶路撒冷，树龄高达两千多年），环境也可以从温柔富贵到严寒风暴；橄榄树的全身都是宝藏，果可榨油，可食用，枝叶可提炼抗衰因子，而历史则汩汩地从树的叶脉间流过，静观着人世间的变迁。在风吹雨打中隐忍伫立，静静地品味时间，慢慢地咀嚼岁月，美丽优雅地变老，这就是我们心中的橄榄树。

现在提到橄榄油人们就与健康、时尚、潮流食肆联系在一起，可又有谁知道在橄榄油初次走出自产地时，它又是怎样的一副羞答答模样呢。橄榄油有规模地开始在全世界成为亮点，那已是二战之后的事情了。之前，橄榄油刚刚在英国出现时，它灰头土脸，像个侍女般静立于药房的一角，整日与咳嗽药水、洗头膏以及假牙清洗剂为伍；人们要注意看才会在它那类似药瓶的包装上看到"橄榄油"的字样。

橄榄油的家乡在南欧。橄榄油在被人类运用了约两千年后才开始慢慢向西、向北，向那些因寒冷而无法种植橄榄树的地区传播。初到美国时，它虽地位独特但却身份尴尬，传播途径坎坷，一度被放进冰马提尼酒里饱受折磨，就像一个没有身份、没有自我被贩来卖去的奴隶。如今虽然仍可以在酒吧里见到橄榄，但橄榄的身份却早已从丫鬟升至主人。它们会炫耀地在客人叫的马提尼酒的杯沿上立着，像一个模特般发出无声的宣言：我是时尚的宠儿。

在餐厅里，同样橄榄油也部分地取代了餐馆老大——酒的地位。有许多人会一改过去喝餐前酒的习惯，而叫一份现烤或现煎的面包，蘸着一碟"绝对清纯"的橄榄油来开胃。随着橄榄的普及和越来越多地占据着美食空间，它的保健价值也芝麻开花节节升高，并且那些赞美之词还有很多来自专业医生之口，譬如：助消化，降胆固醇，美肤，健骨，防关节衰老，预防癌症等等，而橄榄油又如通人性一般借着这些赞美之言销量一路水涨船高。

在欧洲各地，主要是地中海沿岸以及美国的加州、亚利桑那，中国的云南等地都栽有许多橄榄树，有些人栽树是为橄榄树的实用价值，有的则只是为了橄榄树的观赏价值。当你看见一大片的橄榄树排列整齐，形成铺天盖地之势，那大多是经济种植；当你看见一棵或数棵橄榄树在蓝天白云下与满坡的野花为伍，那基本上可以确定，它们的存在就是为了刻画你眼前的这幅画。

当我第一次在山野间看到沐浴着阳光的橄榄树时，心里竟有着沧海桑田的感觉。饱经历练的树干苍劲有力，挂满果实的枝头在光线下熠熠生辉，原本绿色的叶子随着果实的成熟慢慢变成银灰，就像老人头上的满头银发。原来有的是那首抽象的歌，现在眼前又有了这幅实在的画，心里对橄榄的好感又越发加深了一层。

在五、六月份的时候如果你在地中海沿岸乘火车旅行，就会看到红红的罂粟花、黄白的野菊花、紫色的薰衣草漫天遍野地开着，在一片五颜六色中，偶尔一棵或几棵苍劲的橄榄树静静地伫立在那儿，看云舒云卷，听花落花开。

如果在秋季旅行，你则可以一饱新下来的橄榄油的口福。在橄榄油专卖店里，一瓶瓶刚刚下来的新橄榄油样品和一个个的小勺摆在桌上，有时还有一盘切成小块刚刚烤好的面包供你蘸油用。像品尝冰激凌一样，在购买前你可以先尝一下（你并不一定要购买），比如说你可以比较一下来自于不同地方的橄榄所榨出来的油在口感上的差别，虽说都是上乘质量的货色，但用不同的橄榄制成的油都有着属于自己的特定香气、味道和颜色——从浅浅的翡翠绿到淳厚、透明的金黄。常言道品油如品酒，含一小口在嘴里前前后后、上上下下、来来回回地玩味，让味蕾全方位感受到新油的层次和醇香，再慢慢地咽下。

橄榄油与酒的不同之处是，它越新鲜越好，像绿茶一样。

虽说人们经常拿品油和品酒比，但对我而言品油更与品茶相似。

品茶时为了更好地感受茶香，在吸茶入口的同时要吸气，而且是用鼻子吸，用鼻子所吸的气带着茶香直至脑门，而新手经常会被呛到。品油时也讲究吸气，而且是深呼吸，与品茶一样，看到嘴角或下巴上有油滴的便是新手。有些地方品油的手段简直可以申报吉尼斯，比如说将手指直接当成勺，用它蘸着油不断焐热、搓摸然后放到嘴里吸吮。还有人将新下来的土豆切成片蒸好，将油滴在上面，吃一口新土豆滴橄榄油，吃一口苹果以清理口腔里的气味。

你经常会看到在橄榄油瓶子上有"virgin"、"extra virgin"（清纯，特清纯）等字样，令人一头雾水，不明就里。"virgin"不是英文的"处女"一词吗？处女橄榄油？"extra virgin"就是"特处女"？橄榄油的好坏难道还和妇女的贞洁有关系？我把这个问题忐忑不安地向一位工作人员提出，心想这回终于有人为我解惑了。

事实上，橄榄油有三种不同的清纯级别。所有的橄榄油都含有自由脂肪酸，"特清纯"等级的油，脂肪酸含量必须在1%以下；"中等清纯"的油，脂肪酸含量在1%~1.5%之间；而"一般清纯"的油则脂肪酸含量在1.5%~3.3%之间。橄榄油像酒一样有着它自身的AOC（Appellation d'origine contrôleé），即严格的品名产地控制法，AOC的另一种说法就是行业内的质量保证书。

说到橄榄加工这其中还有一段小插曲。一度有橄榄油作坊主想去掉橄榄核，光用橄榄肉来榨油，以为这样可以提高橄榄油的质量，可没想去掉核的橄榄榨出来的油，保质期大大缩短。原来橄榄核里有一种天然的保存剂，少了它，橄榄油很快就变质了。看来跟大自然唱对台戏是没有啥好结果的。

除了食用外，橄榄油还有着许多其他的用途。有些人在冬天手脚容易开裂，擦什么都不如擦橄榄油，几次一抹，裂开的皮肤就奇妙地愈合了；同样用橄榄油和蛋黄搅在一起做的面膜比其他什么东西对皮肤都要好，润燥去皱；将橄榄油和鲜的薄荷叶混在一起涂在太阳穴上能治疗周期性头痛；在喝大酒之前先饮上两小勺橄榄油，让油在胃壁上形成一层保护膜能养胃解酒，防止脂肪肝；橄榄油可以让你的五脏六腑都处于最佳状态，是一种最经济、最自然的养生。如果把橄榄当零食吃可能比用很多化妆品都管用，因为这是由里及外的一种调理。

橄榄树不光生产各种美味健康，红的、紫的、绿的、圆的、椭圆的、尖的橄榄果，而且还"生产"爱情——在橄榄产地，有许多浪漫的爱情故事也产生在橄榄树下。

a. 嫩菠菜与芒果蓝莓色拉

b. 面包蘸意大利黑醋和橄榄油

c. 橄榄泥腌西红柿三明治

下面给大家几个用橄榄油做的简单菜方：

● 嫩菠菜与芒果蓝莓色拉

调料：橄榄油，意大利黑醋，洒一点点干的 garlic mix 拌拌即可。

● 面包蘸意大利黑醋和橄榄油

　　用新鲜面包蘸橄榄油和意大利黑醋就很好吃。

● 橄榄泥腌西红柿三明治

　　用多种谷物面包（multi-grain bread）去边（也可留边），将橄榄泥和重口味的土豆片（如烧烤口味）碎屑一起平铺于面包上，再加上数块用太阳晒干的西红柿（罐装）即可。这是一款非常好吃又健康易做的家庭三明治。

3.

Carpaccio——风情万种的"意法混血儿"

在法国菜里有一盘叫卡尔帕乔（Carpaccio）的海鲜头盘非常别致，虽然说当时我身在法国，去的是法国馆子，吃的是法国菜，但这道菜的名字却非常意大利。怕自己看走了眼露怯，在点菜时特意和侍应确认了一下，没错，这个名字对应的就是那位著名的意大利文艺复兴时期的画家，维托雷·卡

尔帕乔（Vittore Carpaccio）。一道法式佳肴为什么用了一位意大利画家的名字？这其中又有什么奥秘呢？

那我们就得先从菜本身聊起，然后再追根溯源去聊与此菜式有关的那位画家。Carpaccio 是一道意大利经典传统菜肴的名字，这道菜是由一片片切得薄如纸片的生牛肉，蘸上盐、胡椒，和橄榄油而成；Carpaccio 这个词本身意味着各种被切得薄如纸片的肉、鱼或蔬菜。

维托雷·卡尔帕乔是一位文艺复兴时期的威尼斯画家，他的画在当时的威尼斯非常与众不同——他并没有像当时其他的画家一样备受文艺复兴思潮的冲击和影响，而是独树一帜，以自己的方式亮丽着。文艺复兴运动大约开始于 1300 年并一直持续发展至 1600 年。它从意大利开始，后来几乎席卷整个欧洲。文艺复兴的主要宗旨是将艺术从中世纪那令人窒息的氛围里解放出来，向古希腊、古罗马的人性、人物美回归，并从技巧上对线条、空间、人及物进行尽可能真实的描绘，尤其重视光与影之间的关系，作品有着令人吃惊的真实感。

维托雷·卡尔帕乔的画深受西西里画家安托内罗·达·梅西那（Antonello da Messina）和早期荷兰画派的影响，而安托内罗·达·梅西那的作品又是以结合意大利式的简洁和荷兰绘画对细节的重视而闻名，并且在深度上加以拓展，他对意大利北部艺术有着重要影响，特别在威尼斯地区。维托雷·卡尔帕乔最有名的作品为他那一套九张叫作"*The Legend of Saint Ursula*"的组画。艺术家以爱用红、黑以及深浅不同的棕色来制造两种颜色的中间区而闻名。

　　说了这么多，到底Carpaccio这盘菜和艺术家Carpaccio之间有什么关系呢？我们先来看看这盘菜的发明者是何许人也。意大利人朱塞佩·希普里亚尼（Giuseppe Cipriani）在20世纪50年代初期发明了这道菜，朱塞佩·希普里亚尼是威尼斯著名餐厅Harry's Bar的老板。关于这道菜是怎样发明出来的，坊间有两种说法，第一种说法比较实际，起因比较普通。传说认为当时维托雷·卡尔帕乔为了筹备一个在他的餐厅预定的宴会，而必须创造出一个与宴会主题相关的菜式，这个宴会就是为纪念威尼斯艺术家维托雷·卡尔帕乔而举行的艺术家个人作品回顾展所召开的发布会。同作为威尼斯人的朱塞佩·希普里亚尼对于艺术家的画作再熟悉不过了，就在他构思菜式的时候，卡尔帕乔作品里的那种浓厚的颜色带着一股不可遏止的激情向他扑来，于是一盘命名为Carpaccio的红艳艳生切牛肉的菜式便正式诞生，隆重登场。

　　第二种说法则带有一定的香艳性。传说威尼斯的一位伯爵夫人是Harry's Bar的常客，由于健康的原因被她的医生告知一定要远离各种熟肉；而天天咽食各种蔬菜不免让伯爵夫人感觉人生惨淡，了无生趣。于是老板为解客人的烦忧，绞尽脑汁，终于从老乡艺术家维托雷·卡尔帕乔的作品里找到了灵感，将牛肉洗净后冷冻，然后再切成如纸的薄片，拌以各种调料佐食。于是，理所当然的，这盘料理就有了"Carpaccio"这个名字。

在法国南部初次尝试这盘菜的时候，不知为什么第一时间钻到我脑子里来的不是食物而是一个女人和她开的帽子店。是的，她就是大名鼎鼎的可可·香奈儿。这盘菜的款型、颜色以及摆盘方式都使我想起那个在南法小镇上开始创业的帽子皇后和她帽子店里各色各样、造型奇巧的帽子。那个蓝绿相间的盘子呈柔和的长方形，微微上翘的四个角，尤其令人

联想到那些斜着、翘着的帽沿以及帽沿下某张或生动或神秘的脸。

那盘子，托起一半天蓝一半海绿，在这片蓝绿之上是一个呈微微橘黄色的湖，湖里隐隐可见那一片一片的嫣红在绿树掩映下秀着美丽。这里所谓的绿树是由两根嫩绿芦笋的尖交叉而来，每一个角上都交叉着这么一对，既可食，又制造了一种视觉上的美丽。湖里的嫣红是法国南部特产的一种叫作"langoustine"的小龙虾（更像虾）被挤扁成透明的一片而成；而这片所谓的湖则是浸小龙虾用的汁儿。汁儿里能尝出有橄榄油、柠檬、橘子、莳萝（dill）、黑胡椒等煮食用香草。那味道真是妙不可言，居于同食刺身和西餐的冷盘之间。在法国南部，显然这道菜被改良过了，原来的肉食已被海鲜所取代。后来笔者在四处尝鲜后发现，大部分法国餐馆都用各色海鲜取代了牛肉，所以法国餐馆里的Carpaccio这道菜，可以说是法式的刺生，只是他们所用的汁儿要比日式刺生所用的酱油和芥末更复杂，更多一些可以任厨师发挥创意的空间。

回到温哥华后仍不时想念这道菜，于是在朋友推荐下便去到了那家坐落在市中心临近海边的法式餐馆。这家餐馆坐落在Alberni街的西端，环境非常有情调，因为它是开在了一家两层的维多利亚式的房子里，感觉非常私密化，当你坐在本来为客厅的空间里，遥望阳台和阳台外的景物，恍惚间便错以为自己仍旧身在法国南部的蓝天碧海下，正坐在朋友家的客厅里，从窗口凝视大海，期待一顿悠悠然，吃上两个半小时的法式佳肴。

这间餐馆的菜单很富有创意，菜单上的许多菜肴在法式传统的美食基础上和西海岸的生活方式有机地结合在了一起。用材上也很本地化，譬如盐泉岛的青口，太平洋的黑鱼等。他们家的 Carpaccio 是用的大龙虾（根据季节也有鲜鲍鱼），这道菜的配酒是 Quinta De Ferreira Rose 2008。他们家对每一道菜式都有推荐配酒，酒都没有标价，如果对酒类不是太熟，可以请求侍应稍作讲解和推荐。除了 Carpaccio 外，这间餐馆还有几样非常有特色、不可不试的佳肴，其中一样就是他们在客人的桌边现做现吃的"凯撒色拉"。另外一样很牛气的菜式是 Cognac Infused Prawns And Scallops，那是一道非常好吃的，以海鲜烹餐后酒 Cognac 为材料的主菜。

　　下面附上 DIY 的制作方法。

跟·篇·食·谱

意大利式海鲜薄片的家庭炮制法

所需材料有日本甜虾（amaebi）一打——在这里其实用龙虾、象拔蚌或鲜鲍鱼都可按此方操作，只是处理生鱼是个尤需注重的地方。绿芦笋8根，橘子、柠檬各3个，蜜汁芥末酱一小碟，新鲜的龙蒿（tarragon）、莳萝各少量，橄榄油适量。

在温市很难找到新鲜的小龙虾（langoustine），但是没关系，可以用日本甜虾或其他生鲜替代，这甜虾在大部分供应日式食品的店里都可买到。先解冻，再去尾，一般买来时背上的那根黑筋已去掉，因为大部分甜虾是当作刺身出售的。先用纸将虾的水分吸干，然后搁在切菜板上，蒙上一层保鲜纸，用擀面杖将其碾成薄薄的一片，然后在盘子里摊平，码好，置于冰箱里冷却备用。

技术含量高的活儿是调汁，这也是这道菜的重头戏。将两三个橘子和两三个柠檬切开，并将汁挤在一个小的平底锅里，放在火上加热几分钟让它滚起来，然后搁置一边冷却备用。

在煮汁的同时，可用一些水在火上煮芦笋，这样当你的汁准备好后，芦笋也熟了。

香草们（herbs）又是汁这重头戏里的精华。你需要准备一些橄榄油、切碎的新鲜龙蒿、少量honey mustard（可买瓶装的）、少许莳萝（切成半个拇指长度），将所有的材料和冷却后的橘柠汁一起倒进橄榄油里搅拌（可用打蛋用的手动搅拌器）数分钟即可。将冻虾从冰箱拿出，将煮好的芦笋在盘角码好，将汁慢慢浇于平码的粉色虾肉上，最后在汁的面上点缀切成小段的莳萝，你便大功告成了。

4.

黑色春药——松露的秀

在 19 世纪 20 年代，法国美食家布里亚·萨瓦兰（Brillat Savarin）在其有关烹饪的著作中盛赞松露为"厨房的钻石"，将松露、鱼子酱、鹅肝酱并列为世界三大珍肴，从此开启了松露不朽的神话。

松露到底是什么？松露在哪里？松露又对我们的生活起着怎样的作用，产生着什么样的影响？

松露实为一种天然的菌类，主要存在于橡树、松树等树的根部附近的土壤中，因其自身无法进行光合作用，必须依赖其他树的根部与树共生，故对生长环境的条件无论是土壤酸碱度、水质、阳光、水分等要求特别高，生长环境决定了松露的等级。松露身价昂贵，数千欧元一公斤是常价（取决于在哪里购买），尤其在年景不好时，它们就真正成了稀有钻石。

关于松露的历史和文学可以追溯到 4000 年前，美索不达米亚的苏美人用楔形文字在泥土上描述了一个儿童将一颗松露献给国王的情景。古罗马美食家爱比西西（Marcus Gavius Apicious）在写于公元 1 世纪的《厨艺》中介绍了一种复杂的松露料理方法：先将松露加少量盐放水中微煮，然后再火烤。用葡萄酒、橄榄油、胡椒、蜂蜜、鱼酱等佐料做成汁，加入一点淀粉让汤汁变浓，做成蘸酱。然后在松露上刺一些小洞，蘸酱汁吃。

在中国，宋代陈仁玉的《菌谱》中提到过一种"麦蕈"，"多生溪边沙壤松土中，味殊美，绝类蘑菰"，不知是否就是松露，但除此之外，中国的史料中再也找不到别的关于松露的记载了。作为地球上唯一无所不吃的民族，中国人居然任由松露被埋没了数千年，真是不可思议。

事实上，科学家直到90年代初期才真正确认"黑松露"在中国的存在。这种黑松露学名叫"印度块菌"（有的叫"喜马拉雅块菌"），与法国的黑孢松露并不属于同一个"种"，但基因图谱分析显示，二者的相似度达到96%以上。在系统发育树上，它们是相邻的一个结果，属于姊妹关系。

印度块菌在云南、四川、贵州的分布相当广泛。就云南而言，在海拔1600～3200米的松林地带都有。这些地方处于滇中一线以北，与法国的普罗旺斯同属于地中海气候，冬季降雨，夏季温度不高，又是喀斯特地形，土壤偏碱性，比普罗旺斯稍弱，但石灰质丰富，正是最适合松露生长的环境，唯一的缺憾是冬季降雨量不及法国。另外，法国的松露多产于橡树根部，而中国的松露产于松树根部，因此中文称由英语"truffle"翻译过来的那种胞菌为"松露"。 不知为何对于产在橡树以及其他阔叶树下的欧洲松露，国人不译为"橡露"或"根香"、"松香"，也许是基于一种要与"鲸香"区别对待的考虑吧，"鲸香"虽然也非常香，非常名贵，但那毕竟是鲸鱼的排泄物。

其实，松露是丑陋的。它的外观看上去就像一颗驴粪蛋，黑啦吧唧，凹凸不平，但是里面却金玉其中，异香扑鼻。最好的黑松露，切开以后，切面就像那驰名的神户牛肉，肉的纤维组织紧密，里面交缠着细如发丝的油脂状白花，呈现一种令人晕眩的雪花状的纹理。

上等黑松露的生长主要分布在法国西南部的佩里戈尔地区（Perigord），黑松露成熟期是1—3月。

最好的白松露产于意大利的皮埃蒙特区（Piemonte），这里盛产的白松露称雄松露界，当然还有优中之优的阿尔巴"白金"，号称世界松露之最的Alba white triffle。白松露的成熟期为10—12月。虽然看上去白松露比黑松露更金贵，但事实上黑松露的人气却比白松露要高，这使我想起号称贵族专用的香草冰激凌和普通大众（也包括部分贵族）喜爱的巧克力冰激凌之间的微妙竞争和比较。

美国的俄勒冈松露近年来名声越来越大，并备受美国厨师的推崇，赞誉它们比起松露的"欧洲亲戚们"来毫不逊色。俄勒冈松露占尽天时地利，因为它黑白双色通吃。尽管俄勒冈松露受到欧洲同行的讥笑和排挤，被讥为"伪松露"，但它在美国大地上显得生机勃勃，人气极高。冬季在俄勒冈各地的餐馆里，本州岛自产的松露被厨师们运用得出神入化，是冬日盘子里的重头戏。

寻找松露的人叫作"松露猎人"；寻找松露的过程就像

灰姑娘们追寻水晶鞋，可遇而不可求，充满神秘的童话氛围；而松露的家又是在幽暗黢黑的地下——它们在一个看不见的地方不断发射出销人魂魄的浓香。虽然松露神秘的性情本身就像一个童话，但追求它的过程却是非常艰辛的。

每年10月至翌年2月为松露的成熟季节，此时松露开始散发它那种令很多雌性动物丧心病狂的气味，这种类似"催情剂"的气味使母猪、母狗们发狂，并成为"松露猎人"的最佳助手。母猪们并不可靠，因为松露的气味令它们太疯狂、太激情荡漾，所以有时好不容易发现的松露就成了它们的口中"祭品"。后来猎人们将忠心耿耿的狗们训练成功，之后便永远弃用滥情得毫无控制力的母猪。

松露生长于腐烂阴暗的树底之下的泥土中，在有些地方，它横行霸道"烧焦"自己的周围，不让其他作物与它共享乐土——卧榻之畔不让他人歇息，置其他植物于死地。而当它被挖出后，却又散发出那种制造生命的液体，精液的强烈气味——招蝇，招猪，招狗，招各色人。松露喜好置身于舞台之上，享受水银灯的光芒和辉煌。它虽然只有一个春秋的生命非常短暂，但它却尽情释放着只属于它的光芒。

相信很多人听说过"西班牙苍蝇"，那是一种春药的名字，传说制造者最初的灵感就是来源于松露的味道和专盯松露的树蝇。成熟期的松露，除了招引四条腿的动物外，它们还招引昆虫，引诱昆虫在它们的外皮上产卵，并将它们的孢子传播出去。所以，欧洲一些有经验的松露猎人也会根据松露蝇的卵来寻找松露。

松露迷人之处在于气味而非口感，因为含有类似雄性动物身上的某种气味，这就加深了它的神秘性。古代欧洲人对松露的壮阳功能深信不疑，法国人形容松露融合了麝香、肉桂、帕梅森干酪等令人遐思的味道；又带有些许男性精液的腥味、令人幻想和兴奋。当然也会有人觉得，松露的味道像大蒜、洋葱、茴香，甚至韭菜花、天然气、烂树叶、发霉的豆腐、长年不洗的睡衣等等，对我而言松露更像是一种奶香，肉香，某一种香草再混合精液的味道，还外加一点芥末味儿。如果像描述香水那样描述松露，我就会说：头香是奶油的鲜和厚，中香是精液在野外与空气混合的特殊味儿，也许可以说是野腥或野味，底香则是芥末加麝香的醇芳。

松露的气味之浓有一则意大利传说为证：

有一颗乒乓球大小的松露被人从产地带了回来，此人住在一楼，而在他离开房间与邻居说话的当儿，他的门开着，躺在地上的松露则将它的"妖气"肆无忌惮地在楼里散播，并到处上蹿下跳，使得整栋楼都成了松露的地盘，而居民里不能消受这种类似精液气味的租客则立马闻"香"而逃。

同样松露的浓香可以穿透蛋壳，熏透米粒。如果将小量松露屑和鸡蛋、米粒放在一个密封的瓶子里一起储存几日，便可享用松露蛋卷（omelette）和松露香米饭了。

好的松露生食会有一种难以比拟的脆爽口感，而且有一点甜味，但一遇热就变成了其他的味道，很神奇。黑松露的周皮很硬不太可口，制作精致的菜肴时最好先削皮。削下的皮可以泡入橄榄油里作松露油，就不会浪费了。经过松露浸泡的橄榄油有许多用途：可以浇色拉，可以蘸面包，可以拌面条，也可以浇盖饭上享用。至于白松露，因为周皮很细滑，完全不需要去皮。

将黑松露片塞进鸡皮与肉之间，腌一晚上后再烤，是一道法国名菜。还有号称"黑钻石之心"的鹅肝包松露更是法式佳肴的经典之作。厨师用一根空心的不锈钢管插在待烤的鹅肝中，在鹅肝烤熟后，厨师将切成小片的松露放入不锈钢管中，然后将钢管抽出，这样松露的香味就很自然地被烤熟的鹅肝的热度所诱出，正好食用。这道菜口感饱满却不油腻，香味盎然，纯正自然，实可谓珍馐美馔也！

目前大多数主厨都提倡松露生食以保持原汁原味。一般在上桌的前一刻再把松露放到热菜上，利用菜本身的热度将其煨熟。鲜嫩的白松露就更是讲究保持自然风味了，一般白松露几乎只搭配简单的面条或炖饭，以最大限度保留白松露的香味和口感。

松露对于烹饪者要求很高，它要求烹饪者在处理时极度细心，全心全意。松露对于清洁也有着自己特殊的要求，具体方法是：先轻轻将附在松露上的泥土去掉（在准备烹饪前夕，不要过早），用水清洗，然后再用一把软毛的小刷子轻刷，最后用厨房用纸将水吸干。

同样松露对于采摘时间也要求极严，因为太早了没有熟，太迟了香味就全跑了，成了菌渣，因而在成熟的第一时间就要采摘，这不禁使人想起《十八的姑娘一朵花》那支歌，在花儿娇艳之时，就得果断将她摘回家，不然就落花流水了。

当然，以松露的数量和价格可以看出，它并不是一道百姓餐桌上的家常。如果真想品尝松露的味道可以在冬季到法式餐厅去碰碰运气，因为松露一直是法式美食的三道入门菜之一。只要菜单上有"la périgourdine"的字样，几乎可以确定八成有松露的存在。美国西岸的俄勒冈州后来者居上，近年来成为品尝松露的圣地。当天气渐冷，秋风四起时便是驱车南下，寻觅松露美食的好时节。

跟·篇·食·谱

a. 鱼籽豆腐松露油大合唱

b. 酸鱿鱼菠菜草莓色拉

下面提供两个用松露泡过的橄榄油食方（truffle infused oil）：

● 鱼籽豆腐松露油大合唱

材料：中硬的豆腐两块，将两面煎成焦黄，白芝麻锅里炒出香味，甜菜根煮熟切片，黄色嫩四季豆一把煮熟，香菜数根，飞鱼籽一勺，鲜青豆一勺（煮熟），橄榄油一勺，松露油一勺，柚子汁、酱油两大勺，话梅粉小半勺。

做法：将以上材料依次码在盘里，将话梅粉和柚子汁混匀，和两种油一起搅入，香菜和芝麻留在最后撒。

● 酸鱿鱼菠菜草莓色拉

用嫩菠菜叶垫底，将草莓削成片或块置于菠菜上，撒上点吃牛排用的混合 seasoning，用瓶装的意式醋泡海鲜约小半碗撒于色拉最上面，最后在色拉表面浇上一层松露油。

小贴士：此菜的甜菜根也可生吃，生吃很脆，很甜。生与熟的差别与大白萝卜有点像。

5.
巴黎蒙马特高地上的塔吉锅

首先声明的是我在巴黎住的 hotel 是一家非常不错的 hotel，干净舒适，地点一流，景色极好，价钱适宜，服务人员非常友好，有关这家 hotel 我会在下一篇里细述以供大家作为出游参考。hotel 坐落在巴黎北面的制高点蒙马特区的中心，这个区域是以艺术家集中而著名。一出 hotel 大门就是那个风靡一时的法国喜剧片《天使爱美丽》（*Amilie*）的拍摄现场，一分钟内即可到达地铁站（metro station）。

我的房间在最高层（六楼），窗外风景如画，视角很广，远处清晰可见笔挺的埃菲尔铁塔。左邻右舍都是风情万种的小楼

房，大多在顶部有一个开着老虎窗的阁楼，使人想起电影《红磨坊》中妮可·基德曼站在楼台上引吭高歌的样子。

我很为找到这样一家 hotel 感到庆幸，于是到达巴黎的当日便弄了一支上好的红酒庆祝。我坐在我的阳台上一边观赏着黄昏巴黎的景色，一边品尝着从楼下餐馆叫来的原产地陈年红酒和腌冷肉盘。酒醉微酣之际便有了"偷窥"之欲（没办法，温饱思淫欲）。虽然忘了带望远镜可我有三百米的长焦镜头啊！于是支起"炮筒"开始探寻。镜头里不远处的红磨坊一下放大了许多，人们在并不太热的环境里裸露着，叫嚣着，狂笑着。路边的一个煎饼档旁围满了人，那练活儿的哥们两只手上下翻飞，一会儿变出一个香蕉巧克力煎饼，一会儿变出一个肉夹 cheese，这倒使我想起北京那好吃的街边小食煎饼果子——香菜，鸡蛋，排岔儿，辣椒加黄酱。嗯……通向圣心堂的小路就在马路对面，路两旁是一水儿的特色小 cafe。有一家的 food 好吃极了，且量大到一个人根本吃不完！有一道菜叫作"Seafood Royal"，售价 19 欧一盘，你不用知道饭店的名字，这道菜是它的招牌，路过时就会被那道造型夸张如小山般堆起的 Anti Paste 所吸引。心里琢磨着是否下楼买一盘来过过瘾，手上无意识地支着"炮筒"乱转，脑子里却想着 to go or not to go。结果还是用最老的办法抛了一个硬币，于是无怨无悔地下楼了。

　　将近晚饭时分，通往圣心堂窄窄的上坡路两旁已经开始出现人潮。这些上山的小路两边基本都是楼上小旅馆，楼下小酒馆、小餐厅。各种特色招牌就像各种不同肤色不同轮廓的脸在那些窄窄瘦瘦晕染着时光的窗帘后一闪一闪，招徕着中意自己的那位宾客。餐厅门脸大多很小，里面灯光大多昏暗。门脸大点，位置好点的便光亮如昼，在门口摆满了桌子，客人们大喇喇地放下随身的背包，大呼小叫地吆喝着愉快的酒保上扎啤，开始大口喝酒，大口吃肉。那情景像极了亚洲的夜市。

　　沿着上山的小路且看且行，心里想着看到有眼缘的小店或是对胃口的菜肴就直接坐下。在游客如云的小道上正感觉开始头晕眼花之际，在一个拐角处，看见一个呈长条形的屋子，外墙涂成某一种暗绿和暗橘黄色的花纹，透过玻璃能看见客人坐在桌前正吃着一个热气腾腾的锅。那个锅看上去像陶做的，而且形状与涮肉的炭锅一样，我的第一感觉是莫非碰到火锅了？可是再仔细一看吃的人却没有一个亚洲面孔，服务生也是长得有点像印度人又有点像中东人那种黄黄黑黑的样子。走近窗子一看，上面贴着一个英文的宣传单，原来这是一家摩洛哥（Morocco）餐厅，我看到的"火锅"就是摩洛哥名菜塔吉锅。塔吉锅长得很独特，远看也许会使你想起那骑着扫帚满天飞的巫婆，因为塔吉锅的盖子又长又尖，长得和巫婆的帽子一模一样。这个锅的锅身矮扁，盖子外面有很多手绘花纹，样子古朴有趣。关键是它的烹饪功能很特别，很多食物用它来煮不需加水，尤其是蔬菜。因为盖子的形状使得锅内的蒸汽在加热时不断循环落入锅内，于是成就了蔬菜的原汁原味，较之清蒸还要更给力一些。这天根据那个皮肤很黑的服务生的推荐我第一次试了著名的摩洛哥塔吉锅，这一试几乎就像是一生的约定，要粉它一辈子。

摩洛哥食物有点像印度餐大量使用各种辛香料。这一锅鸡就像一锅香料的大海。至少我可以尝出来的就有：黄姜粉（不是一般的生姜粉，是印度人用来做咖喱的基本食材之一），孜然粉，黑胡椒，烟熏粉（paprika），藏红花等。这是干货，此外还有许多鲜香草类的如香菜籽（coriander），麝香草（thyme），卷欧芹（curly parsley），洋葱，绿葱，蒜，鲜姜，青西红柿等。只是他们用的柠檬是一种特殊制作，直接从摩洛哥进口的腌罐头。塔吉锅做出来的橄榄柠檬鸡太好吃了，它让你吃得心花怒放，却又不辣心辣肺，就像一位体贴的情人，非常可心。

服务生告诉我说他们（北非人）把这道菜叫作"绿菜"，我问他有什么讲究，他说不上来。我想也许他的英文有限吧，我猜测可能是因为各种鲜香料都是绿色的原因吧。后来在我细细地琢磨这道"绿菜"时，我就给它打上了葵儿的烙印。

跟·篇·食·谱

摩洛哥式柠檬橄榄鸡（改良版）

　　这道菜虽然好吃味浓，但唯一的缺点是油有点多。原因是他们用的是带皮的整只鸡腿做的，我后来将它改为去皮去骨的鸡肉之后，口感竟好了许多。不要用鸡脯肉，任何其他部位都可，因为鸡脯肉很容易煮柴了。另外也不需用盐腌过的柠檬，鲜的就行。只是再稍加一些鲜橘皮，感觉味道会更有意思。

　　● 食材：去骨去皮鸡腿肉0.75～1千克切成小块，洋葱（切末），青葱（切碎），黄姜粉一勺，鲜蒜一球（切碎），鲜姜末一勺，鲜柠檬一个只取皮（皮白的部分不要），鲜橙一个只取皮（皮白的部分不要），黑胡椒两小勺，盐，鲜欧芹一把（切碎），鲜香菜一把（切碎），香菜籽8～10颗（碾碎），麝香草2根（手掰碎即可），香叶8～10片，青西红柿2个（中小切碎丁），烟熏粉一小勺，原汁鸡汤1升，橄榄油一小碗，孜然一小勺，绿橄榄一小碗半至两碗。

　　● 做法：先打汁：将香菜、欧芹、青葱、鲜姜、青西红柿与其他调料和橄榄油一起用搅拌机打成混合汁。起油锅（中火）将鲜蒜和洋葱炒香将鸡肉下到锅里微微煎2分钟左右，其中翻一次边。将混合液倒入锅里大火煮10分钟，不时搅拌；换中火再煮20分钟，这时将柠檬皮和橙子皮下锅，搅拌；关火后再在锅里焖10分钟即可。起锅时用整颗的绿橄榄配盘。

小贴士：这道菜不一定要用塔吉锅做，一般炒菜锅就行。有些人喜欢将酱汁焖干后再起锅，但我发现带点汁一起装入碗里口感更好，由于原菜谱的黄姜粉太多，与咖喱太靠近于是在改版时大减了黄姜粉的量。

做这道菜时最重要的有两点：一是前面讲的不要留有柠檬白或橙子白因为会有苦味；二是所有的绿色食材都不要大火炒，随汁倒入即可，这样既保持了原有的鲜味又在最大程度上保持了它的那种绿色。

配酒建议

改版后的这道菜个人感觉口感更好，更突出了绿色鲜草的原香，拉大了同咖喱的距离，有一些甜味的 port 酒很适合它，或者像桂花陈之类的甜红酒、金粉黛（zinfandel）那种微甜的果酒都会别有一番滋味。

6.

香的印象——南法之旅

　　每当在原野上见到一望无际、肆意开放的鲜花时，总让我想起与香水有关的那些印象。记忆最深的一个画面是火车从罗马去尼斯的路上。不过是那快速匆匆的一瞥，就造就了永久惊艳的感觉。坐在车厢里眼望着无边原野上一团一团盛

开的野花，心里却经历着某个香水生产实验室里将花变成各色精致小瓶香水的过程。

现实与想象总是有出入的，如果你到过法国南部，又有幸去制香工厂参观过，那么你就会把想象中那穿着干净白大褂，与化妆品柜台后那打扮时尚的售货员相似的专业技术人员即时转换为T恤衫、帆布裤和花园园丁使用的粗手套，那样的近乎于炼金术师的形象。

炼香是一种非常特殊、非常另类的炼金术。香精提炼后的价值也可与金子媲美。炼香就是将各种基本元素——带原香的植物、火、水糅合在一起，然后进行提炼的一种合成巫术。在香精合成的密室里整齐有序地摆放着各种弯曲不定的钢管、软管和大锅大缸，工作人员在它的一端注水并加热，因热而产生的蒸汽在管道弯弯曲曲的迷宫里与某种植物相遇。这些大量的香草（有薰衣草、迷迭香、玫瑰等等）与蒸汽的高温结合，于是香草中的香料成分被释放出来，这些挥发出来的成分随着蒸汽，经过那些弯弯迷宫，来到一个四周注满冷水的冷凝器，在这里蒸汽被快速液化，而香精油就会浮上水面，再将油和水分离，于是香精便诞生了。像桑拿房一样闷热的蒸馏提炼工厂与香精最后的目的地，百货公司那漂亮非常的柜台，形成视觉上的巨大反差。

说到香水产业很难绕开格拉斯。格拉斯一直是法国香水业的重镇，人们提起它，那感觉是格拉斯的空气里都充满了5号的香分子，而事实上格拉斯不过是一个拥挤，繁忙，充满现代精致感的小镇。这个镇子在中世纪时期是一个以皮革制造为主业的小镇，主要加工普罗旺斯小羊皮以及意大利牛皮。为了去掉皮革上的异味，香草便最初得到了运用。而后来香草们反客为主一举篡夺了本来属于皮革的主要位置，取而代之。意大利的文艺复兴风潮同时带动了人们追求精致生活的情趣，因而带有香味的手套曾一度洛阳纸贵，一套难求。从那时开始，原来粗俗的皮革制造业开始打出品牌的招牌，并成为时尚。而这些刚刚得以成型的时尚产业在法国大革命的风暴中一度随着贵族的消失而几乎全军覆没，成为共和国荣誉的祭品。之后香水又以一往无前的姿态杀了回来，而且成为了化妆品，成为奢侈品中最受欢迎的一类。

　　香水制造师创造出一种香水与文学家写出一部小说，画家完成一幅画毫无异样，它（过程）需要灵感，构思，创造和修改。制造师需先在脑中构思蓝图，用意念打底稿，然后与画家不同的是他会用鼻子代替画布，用香味代替颜色来绘这幅香之图。而调制过程中的那种千转百回、牵肠挂肚却又与恋人恋爱一般曲折美丽，令人神往。恋爱的结晶就在那一个一个精致无比的小瓶里。

　　最后，当你终于可以从那亮晶晶的小瓶里往自己的身体各部揉上那神奇的液体时，感觉就像众里寻她千百度，蓦然回首那般触目惊心，原来，她竟在自己的血液里，并随着脉搏的跳动欢乐地唱着属于自己的歌，一缕一缕，绵绵不绝。

跟·篇·食·谱

橙莓斗艳鸡鸭烩

　　这道菜其实可以算两样不同的菜肴放在了一个盘子里——橙香绿咖喱鸡加上鲜莓（覆盆子）酱烩鸭。这大概可以算作欧美式混搭吧。橙香鸡或鸭更多偏欧式而覆盆子莓酱则是典型的美洲风情。

　　● 食材：鸡脯肉鸭脯肉各一块（100～150克/块），新鲜覆盆子（冰冻也可，在这道菜里新鲜更好）一小碗（150克左右），鲜橙2个去皮去衣，绿咖喱酱两大勺，现磨黑胡椒，海盐少许（此量自定，个人口味差异很大），迷迭香2根，香叶数片，红酒半碗。

　　● 做法：先将鸡鸭肉用黑胡椒、海盐、迷迭香、香叶及红酒腌上（两面）一个小时（或更长）；然后切成小长条块，并用少量油煎熟至两面微微焦黄，放少量水入锅将肉焯一焯（约一两分钟即可）或等水慢慢煸干为止。覆盆子捣碎加上些微蜂蜜调匀后涂于鸭肉的表面，使它看上去深红微紫后先入盘；鸡肉留在锅里将绿咖喱放入后加少量水，直至水煮干，鸡肉呈微绿色后起锅入盘。将橙肉打碎和上一点点咖喱泥涂于鸡肉之上，用剩余的鲜橙肉和覆盆子摆盘。还可加上一小棵九层塔或薄荷叶就更具清新感。

小贴士：这道菜的重点是两菜一盘，两材一盘，因而两者之间的差别要明显，但又有统一性。基于卫生的原因，在欧美各国对鸡鸭肉的烹煮要求是一定要煮熟，所以请在煎煮时一定注意。

配酒建议

鸭子是比较讲究的肉食，它的肉虽瘦可是多油，所以配酒最好用某种带酸味的、果味的酒。干红中的黑比诺可能是一种很好的选择。它的口感独特，有很芬芳的黑红类果子的味道，如黑加仑、红布尔等。同时它的口感又较柔和所以跟鸭子应该是较好的配对了。购买黑比诺酒时可以注意一下尽量不要买酒精度低于 13% 的，不然会有淡涩感。

7.

谜一样的英伦岛——柏斯的莎丽卢安 café

英国和英国人都有着谜一样的面纱。这个岛国独立于欧洲大陆之外，地理上的独特性使得他的国风民情都与欧陆的其他国家不同。英国人很高傲，很冷漠，很聪慧，同时这个

岛国的岛民又很穷酸，很猥亵，很世故。英伦有灿烂的文化，悠久的历史，杰出的文化名人和曾经的海上霸主权威，虽然今天它也走到了夕阳西下的时候，虽然已近黄昏，但它在很多方面还是很有韵味，让人孜孜不倦地乐于谈论。对英国不太了解的人就只知道伦敦，觉得伦敦就是英伦，而对这个国家有一些了解的人则持相反的看法，认为其实伦敦并不适合当英伦的代表。

位于伦敦西部的柏斯就是一个充满英伦神秘精神的古城。柏斯离伦敦约 150 公里。在 1987 年，柏斯成为世界历史文化

遗址。

柏斯的古老可追溯到公元 43 年，一度是罗马人的温柔乡——温泉宝地，因为爱文河谷的温泉是英格兰唯一的天然温泉。乔治王时代柏斯成为名享天下的温泉胜地，在盛名之下，柏斯经历了飞速扩张的时期——这个时期成就了一大批具有鲜明乔治时代特征的石头建筑，包括皇家新月楼、庞普楼（the Pump Room）、the Assembly Room（现为游客服务中心）等。英伦著名建筑大家约翰·伍德父子便是这些历史建筑的设计和构筑者。据说小伍德是受到了罗马角斗场的启发而造出了新月楼，可有趣的是角斗场是从里面看前面，而新月楼却是从里面看后院，正如其名，新月楼带着某种私人意味和隐秘审美。

这些柏斯石建筑的主要外貌特征是呈一种半圆形或扇形。其中的庞普楼曾在简·奥斯汀的小说中出现过。皇家新月楼可能是建筑群里名气最响的一个了。它的妙处在于它的"心口不一，表里相异"。那巨大的扇形面建筑包括约 30 栋城市屋——现在 1 号城市屋为"新月博物馆"，16 号城市屋已摇身变为"新月大酒店"；英国人将皇家新月楼戏称为"玛丽皇后的脸"和"玛丽安的背"。在柏斯这种前后不一，设计精巧美丽又和谐适用的建筑到处可见。

另外，柏斯遍地开花的温泉使得它成为世界游览胜地，罗马式的洗浴中心随处可见。在柏斯泡温泉和喝下午茶一样是重要的社交手段之一。

英国菜难吃举世闻名，同样英式下午茶的流行和美味也是世人皆知。柏斯是一个历史和艺术的小城，同样也是一个吃货们的天堂。莎丽卢安 café 就是一个所有带着味蕾旅行者的必停之处。莎丽卢安 café 历史悠久，得名于柏斯编年史上发表的有关他们的一首诗——哦，那是 1772 年的事了。莎丽卢安开创了点心蘸酱吃的先河。他们的点心小巧，精湛，口感饱满，口味众多，当时的万国博览会都用他们做的点心来展示食品工业的成果；莎丽卢安 café 的面包既好吃，又不贵，他们还附设外卖——在他家的老店地下室就是他们的烘烤厨房，直接去那儿买一包面包回家当晚餐吧！

去英国时记得去柏斯洗一个澡，在莎丽卢安 café 吃一顿下午茶，这肯定会是一件你旅途中不会忘却的赏心乐事。另外一件不要忘记的事当然就是柏斯旁边的石头阵了——the Stonehenge。这是有关英伦的另一个谜。

8.

闲话下午茶（上）

世界上居住在不同地方的很多人都用同样的发音来称茶，中国人，日本人，土耳其人，印度人等等都叫"cha"。在历史上茶就像一位使者，扮演着许多故事里的主角：它使人想起为谋求和平而出塞的昭君；它使人想起扑朔迷离的茶马古道；它使人想起大漠孤烟直、长河落日圆的西域北疆；同时它也使人想起一只漂流在大海里的宝瓶，带着满怀的秘密到处流浪，一心想把自己交给有缘人。

西方人最初接触茶的概念是通过 16 世纪两位在亚洲传教

的神父，盖世伯·克鲁斯和路易·埃尔默达。克鲁斯神父在从中国寄往家乡葡萄牙的信里将茶描述为一种可以治病的饮料；埃尔默达神父则在从日本寄往家乡意大利的信中也提到茶并将茶刻画为一种包治百病的神仙水。等欧洲人真正尝到茶的味道时已是 17 世纪初了。茶由荷兰商人带进英国，并作为一种昂贵的罕见物引荐给了上流社会的男人们。欧洲人最初将茶说成"cha"——来自于广东话的"茶"发音。后来当英国人的贸易机构从广东转至厦门后（直至鸦片战争以前，中国海上对外贸易的发货港是厦门），茶的发音就变成了"tay"和"tee"，最后演变为现在仍在使用的"tea"。

　　1662 年，喜爱茶的葡萄牙公主凯瑟琳嫁给了英王查尔斯二世，并且将她热爱喝茶的习惯带进了英国宫廷，并以茶取代了酒和其他饮品而成为英国的宫廷饮料，使饮茶成为一种时尚在英宫盛行。而茶作为大宗贸易引进到欧洲并被介绍给普通大众则是在 1668 年。那时茶只有在男人们的社交场所——咖啡馆才能买到和品尝，而茶是以一种能治病的健康饮料的面貌出现在咖啡馆的。当时的人们去咖啡馆读报，谈论政治、文学，争论艺术和品茶。到了 18 世纪，茶开始以不可遏制的步伐进入寻常百姓家，而第一代咖啡馆则慢慢变成了只有男人可以去的"绅士俱乐部"。

　　西方人对茶真正的热情源于 19 世纪英国与中国的贸易以

及贸易产生的巨大利益。当时茶叶、胡椒、香料和咖啡都是有着巨额利润的高风险买卖。从一开始茶叶经营的控制权就掌握在大公司手里，如英属东印度公司、怡和公司等。而最开始，这些西方人经营茶的唯一目的是赢利。当茶被介绍给了西方大众以后，出现了戏剧性的效果，它像一位绝世美人，活生生地出现在西方人的食物地平线上，夺人眼球，受人青睐，想不注意它都不成，想不品尝它也不行。由于茶叶生产、运输的局限性和茶在西方世界受欢迎程度的快速上升等原因，形成了以茶叶为诱因而引发的各种贸易战，其中最著名的就是波士顿倾茶事件，它直接导致了美国独立战争的爆发。

英国人将下午茶变成了一种精品文化，并将这种带有明显英式痕迹的精品文化普及到了全世界。那么英式下午茶到底是怎么回事儿呢？很多人将英式下午茶"afternoon tea"和高茶"high tea"混为一谈了。

相对于高茶而言，下午茶又名低茶"low tea"（低茶是美国人相对高茶给取的名字，而英国人则对此表示愤怒和嗤之以鼻），这里的高和低都是指摆茶食的桌子，前者为饭桌，后者为咖啡桌、茶几。当然"高"在此还有傍晚的意思。 下午茶一般在下午两点至五点间品尝，它的创造者是英国著名的贝德菲尔公爵夫人（Duchess of Bedford）。公爵夫人在1837—1841年间是维多利亚女王的 lady-in-waiting（闺密，伴侣），并与女王一生结为密友。但公爵夫人对英国文化做出的最大贡献就是开创性地发明了英式下午茶。由于英国人晚餐时间晚（八点左右），而从午餐到晚餐之间的这段时间却是漫漫长午，难以打发，尤其对无所事事的夫人小姐们来说更是度时如年，使得她们感觉又饥饿，又虚弱。公爵夫人发现泡上一壶茶，来块蛋糕或松饼会使自己的整个下午感觉明媚灿烂得多，于是她开始邀请自己的好友闺密一起享用，这种在下午喝茶吃点心的习惯便在英国上流社会逐渐养成，再后来便一直向外扩张直至风靡世界。

下午茶主要是指用茶壶冲泡茶叶——大多为大吉岭红茶，用带小碟子的骨瓷杯盛茶，一旁配上糖、奶来品尝；食物部分从传统来说主要由迷你三明治（一般有黄瓜鸡蛋加水芹、

奶油鱼泥、火腿和熏三文鱼等品种）、松饼（一旁配有奶油和果酱供涂抹用）、蛋糕加各种小甜饼组成。下午茶的食品精巧，细腻，口感较轻，并被置于精致的镀金描花的三层蛋糕碟上。　喝下午茶这种形式逐渐成为一种交际手段，于是乎有关饮下午茶的礼仪也应运而生。女士们一般会将自己打扮得很光鲜，戴上最时尚的帽子，穿上带蕾丝花边的衣服，手持精巧的东方丝绸扇子，神气活现地出现。大家交流着信息，议论着社交界的流言蜚语，谈论文学艺术，也许还会有人弹上一曲或高歌一首为大家助兴。

　　啊，有了下午茶的午后真是令人愉快，茶使得英国那多雨阴霾的下午变得不那么难挨了。

　　高茶的另一个俗名叫作"肉茶"，因为食物中含有大量的肉食，事实上"High Tea"更像是晚餐的前奏曲，一般在五至七点钟进行。食物大多会有热盘菜，如炸鱼块、肉饼、火腿色拉、奶酪通心粉等，都是些口感很重，能量很足的"重家伙"。　享用高茶的大多为下课回家后的学生，或是那些下班回家等着吃晚饭的蓝领工人们。简单点总结一下，可以认为下午茶是上流社会的一种聚会，参加对象主要为女士们，而高茶则主要是体力劳动者正式晚餐前的"垫饥"。所以除了都喝茶以外，下午茶和高茶是两样很不一样的东西。

9.

泰德现代美术馆印象

泰德博物馆现代馆独树一帜地屹立于泰晤士河的南岸。南岸是以前人们不屑一顾的工业区，而现今却随着泰德现代艺术馆、莎士比亚剧场等其他配套服务设施的陆续兴建而成为令人耳目一新的新兴艺术区，跟北京的 798 有点类似。说

到泰德现代馆的兴建还真应感谢那些爱买彩票的公众慈善家们，因为在建馆高达 1.3 亿英镑的预算中，几乎有一半的来源是彩票的收益。

艺术馆前身是一个巨大的旧发电厂，于是大和硬便是许多人对它的第一印象。

整个发电厂有六层楼高，加上地下室的那一层，共七层楼，七层楼八十四间展室，气势磅礴，巨大的空间感赢得了许多现代艺术家的赏识和叫好。有一句有关现代艺术的玩笑话说，当你认为一个项目难做好时，你就把它做大。这也许是有关现代艺术的某一种直白，但无约束的空间对于现代艺术来说确实至关重要。

此馆当年公开招标，最后两名年轻的瑞典籍设计家夺标。他们的设计理念是在尊重历史原貌的前提下让新科技不动声色地将历史重新抬上社会大舞台，让人们既享受科技造福的结果，同时又不可逃避地重新聚焦历史。

改建后的现代馆，外部根本不动，里面也完全保持了原有的，象征工业实用美学结构的空间，因而历史的原来风貌得到很好的保存；与此同时，光和新材料的各方运用却为人们活生生地制造了一种很摩登的现代感。

泰德现代馆是从原来的老馆分出的。泰德老馆始于 1897 年，是一家以收集英国艺术家作品为主的美术馆。从 20 世纪开始，泰德美术馆开始收藏法国、意大利等欧洲绘画，主要有三个部分：一是16世纪至今的英国绘画，二是印象派画家作品，三是当代艺术作品。

除了前拉斐尔画派为数不多的存世精品外，最著名的是英国画家透纳一生的系列风景作品，此外还有印象派大师塞尚、高更、梵高、马蒂斯、毕加索等人的作品。

后因现代作品日益增多，馆方不得不考虑对现有场馆进行扩建。

在泰德美术馆一分为二之后，原老馆现成为专门收藏英国艺术家作品的"Tate Britain"，而新馆则被称为"Tate Modern"，以收藏20世纪的除英国外的国际作品为己任。新馆从建筑设计到展品展出均充满不拘一格的现代意味。

新馆的展出方式几乎将平面的画展做成了一幕幕迷你型的舞台剧。新的分类方式直接生成新的观摩方式和思维方式。新分类归为四个不同主题："风景、事件与环境"，"历史、记忆与社会"，"裸像、行动与人体"，以及"景物、对象与真实"。

这样一种设立主题的展区划分，打破了固定的思维定位，让不同艺术家，不同艺术品在不同设展人的规划下，产生不同的意义；同时观者也因为观摩环境的改变，而对同一件作品加上新的环境配置后生出的新意义进行不同的诠释。

譬如说，把莫奈的《睡莲》和石头雕塑作品放在一起展出，共存于"风景、环境和事件"的主题下，作品与作品之间就产生了一种互动的张力因而产生一种类似于舞台的戏剧效果，这时观赏者往往会比平时更易触景生情，更易产生共鸣。

还有值得一提的是泰晤士河上连接泰德新馆的"千禧桥"，这也是大设计师Norman Foster的大作。本来是为方便北岸的行人在流连风景时缓缓南移而精心设计的一段优美路程，可后来因为太受人欢迎而几乎不堪负荷，曾一度关闭维修。另外，千万别忽略了泰德英国馆，里面的前拉斐尔画派的杰作，以及透纳的风暴系列景物画也是艺术史上不可多得的佳作。

前几年，在 J.Lo 的一款香水中，有广告语为"In the middle of the storm, I am still"。每次看到这句话就使我想起透纳画中，那一幅幅风暴中的扁舟，以及扁舟随着风暴足迹起舞的画面。

闲话下午茶（下）

"afternoon tea" 是下午茶的统称。下午茶里还分为大约四种不同的类型，最基本的叫"奶油茶（cream tea）"，就是茶加松饼（scone），然后配上奶油和果酱。比奶油茶稍微复杂一点儿的下午茶类型叫"草莓茶（strawberry

tea）"。其实这也很简单，就是在奶油茶的基础上加上新鲜的草莓，或鲜草莓做成的饼和蛋糕。草莓茶一般选在盛产草莓的季节进行。排在奶油茶和草莓茶之后的那道下午茶叫作"light tea"，中文可称为"休闲茶"。休闲茶主要指茶与各种甜点包括松饼、小甜饼、各种水果挞、蛋挞等搭配而成的午后点心轻餐。最后就是全套下午茶了。

休闲茶与正式的全套下午茶（full tea）的唯一区别就是前者没有迷你三明治，而后者却带有独家制作的两至三样迷你三明治。下午茶的迷你三明治非常好吃，它们看上去精巧、细腻，口感也与大块三明治非常不同。这些三明治是用已经去掉面包边的面包芯卷制而成，里面的夹心也被厨师的妙手点石成金，例如鲜芒果腌火腿、牛油果熏三文鱼、咖喱虾蔓越橘等等，听上去都令人垂涎欲滴。

下午茶的茶类一般以各种红茶为主，大吉岭所产的红茶仍旧是经典。红茶与水果或香草混杂而成的时尚口味茶非常受欢迎。下午茶的铁三角是大吉岭、阿萨姆和伯爵茶。许多混合口味都是在这三种茶的基础上调制而成。

在茶桌上，雕花镂空的蕾丝桌布，鲜花，银光闪闪的刀叉勺，精致玲珑的骨瓷茶具，包括那饮全套下午茶不可或缺的镀金三层点心碟是茶桌上无言的礼仪。三层点心碟点心的摆法一般如下：最下面那层一般放迷你三明治和松饼；中间

的那层置放甜点，而最上面的"塔尖"则是用来放新鲜水果或用新鲜水果制作的甜品，如鲜果挞等。

全套的下午茶已经不光是饮茶吃点心了，它升华到了品味生活、渲染情调的高度。在很多时候，下午茶也更像是扮演一位沙龙主人的角色，把自己打扮得清新亮丽，静候着贵客们前来相聚。

下午茶除了品尝精美的点心和各种口味的茶以外，还有一件更重要的事就是观赏品味茶具。下午茶的茶具都是用极其精致的骨瓷所制。骨瓷顾名思义就是瓷粉里带有动物骨头的成分，而骨头的最主要功能是让瓷显得洁白透明，轻薄而坚韧。在最初的配方里瓷黏土和骨粉的比例几乎是一比一，后来随着工艺的不断精化以及成本考虑等因素，骨粉的含量逐渐降低。

　　加入了骨粉的黏土烧出来的骨瓷又轻又薄，敲起来声音清脆悦耳，几乎透明的瓷体上描金画花非常漂亮。骨瓷又称"薄胎瓷"，是瓷器类中最金贵的一种。世界上生产骨瓷的大户主要是几个国家：英国、德国、丹麦和日本。

　　在日本，骨瓷制造主要分三大主流，它们分别是 Narumi 鸣海瓷、Nikko 日光瓷以及 Noritake 则武瓷。其中鸣海瓷器最年轻，则武瓷器历史最悠久，而日光瓷则声名最显赫。则武瓷传承了日本艺术古典雅致的传统风貌，精致典雅，它的产品大多是走高端路线，在世界很多地方都有出售。日光瓷则是走的"精良制作路线"，它的瓷黏土里的骨粉含量一直保持在百分之五十因而使得瓷器的质地显得尤为精致，其温润的手感有一种近乎触摸玉的感觉，瓷体晶莹通透，花色优雅大方，在用户中口碑非常好。

　　欧洲地区瓷器的设计部分更显示一种独特的个性，因为很多知名艺术家参与了设计和制作的过程，而这种参与又将商品从某种程度上转变成了艺术品，从而赢得了许多收藏家的喜爱。欧洲骨瓷制造商里最有名的有英国的斯波的、皇家道尔顿、威基伍德，丹麦的皇家哥本哈根和德国的梅森等。其中英国的皇家道尔顿旗下的三个品牌：Royal Doulton，Royal

Albert，Minton，占据了英骨瓷将近一半的市场份额。

皇家道尔顿大打温情牌和经典牌，对优雅女性尤有杀伤力；Royal Albert 的乡村玫瑰系列集手绘、镀金、色彩于一体，整体感觉极其浪漫，风情万种；红色、紫色及黄色的玫瑰花看上去高贵典雅，金碧辉煌，深受女性欢迎，也深受英国皇室的青睐，尤其是已故的黛安娜王妃，更是玫瑰系列的拥戴者。玫瑰系列骨瓷自 1962 年问世以来至今已卖出一亿多套。如果你喜欢 Royal Albert，那么请在年底时分关注 Costco——它一般在年底时会推出本系列的珍藏版套装，有杯碟配的套件，也有略高的骨瓷咖啡马克杯，6~8 件一套，售价非常合理，一套在 100~150 加元左右。道尔顿旗下的 Minton 则是整个系列里的那只"王孙堂前燕"，它的镀金宴会用餐具闻名天下，尤其受到世界各王室的喜爱；英国的各级政府和皇室都喜在很多公众场合用它的产品，并以此感到骄傲。值得一提的是，皇家道尔顿是众多知名骨瓷西餐具制造商中唯一致力于中式餐具开发运用的商家。

说到英国骨瓷不可不提的是威基伍德。威基伍德可以说是英国的瓷器之父，地位显赫，产品风格多样。它的高端瓷是走皇室路线的，外形大多呈圆润的弧形，精致玲珑；它的寻常百姓系列产品则是非常艺术化地再现了英伦乡村的魅力和细节，如小碎花、水果、田园风光等。威基伍德的骨瓷用的骨粉比例极高，因而瓷器虽轻薄却极其坚固，能承受令人吃惊的重量，在 1988 年的一次产品展示中，四只威基伍德的骨瓷杯居然撑起了一部 15 吨重的推土车，真可谓四两拨千斤。

能够用历史悠久、故事多多、外观精致美丽的骨瓷杯盏来盛下午茶，还有什么比这个更能吸引人呢？下午茶里文化和艺术的味道一点也不比茶和食物本色逊色，甚至更为令人痴迷，使人流连忘返。

许多时尚大品牌在推出家居系列的同时也不会忘记茶具这个表示优雅生活的道具，如范思哲家具系列里的蓝花描金杯盏就是用 24K 镀金精制而成；爱马仕、维拉王等都有极品茶具推出，大牌们的加入使得与茶具有关的茶文化在古典雅致的基础上更添加了一层浓浓的时尚风情。

跟·篇·食·谱

在家自制全套下午茶（简约版）

● 需备器皿：西式茶壶一把，糖缸、奶罐各一个（配套或不配套），茶勺，刀叉，质地好又好看的纸巾，一小杯鲜花（用玻璃水杯即可），桌巾，桌巾ring，骨瓷杯和盘（成套），小盘（放食物用）。

● 茶：带香草味的红茶（配甜点）。如果三明治是你桌上的主打，也可考虑用带果味的茶，如热情果香草茶或梨味蜂蜜茶。

● 甜点：可以去买那种拆封即可进烤箱的半成品松饼，烤个十来分钟便可上桌；配两样小甜饼；将鲜果洗净切好放于透明小塑料杯里码好。

● 迷你三明治：这是重头戏。可选一种肉，一种海鲜，另加一种素的。

● 肉三明治：烤鸡肉撕成条与胡姆斯酱（hummus）拌在一起夹面包即可。

● 海鲜三明治：熏三文鱼夹 cream cheese，在表面再铺上一层切得很薄的牛油果片。

● 素三明治：黄瓜片，煮鸡蛋（捣碎），用蛋黄酱和酸瓜拌匀夹心便可。

茶与食物的匹配就像酒与食物的关系一样复杂，丰富而饶有趣味，是一门学问，需要花时间和耐心去慢慢发现，你一定会在探索中得到惊喜。

味觉森林——世界名食在家DIY

070

11.

捷克风情——琴弦上的布拉格

　　每人来布拉格的理由各不相同，有人因为卡夫卡的缘故，有人追随着蔡依林的歌声，也有人就为了亲眼看一看那条传说中的伏尔塔瓦河。

　　我把这座城市叫作琴弦上的布拉格，是因为它的每一个挪动和摇摆于我都有着强烈的乐感，大的小的高潮均如奔腾

的伏尔塔瓦河环环相扣，生生不息。

　　一条美丽的河可以成就一个城市，河流为城市不但提供了生息之源，它们更是一个城市的魂魄栖息之所；台伯河于罗马，塞纳河于巴黎，就像一张张罩住城市灵魂的网，而伏尔塔瓦河于布拉格则更是不可更改地非它莫属。

　　每每听到"伏尔塔瓦河"那珠流激荡的旋律时，就会在白日里脑洞大开，睁着眼做一场有关布拉格的白日梦：初春时节，仍旧冰封的河面之下，传来若有若无的水流破冰之音，它不断重复响起，轻重缓急像巴赫的回旋变奏曲，一波一波地荡起各色涟漪；横跨伏尔塔瓦河的桥们便会随着河水的流动而翩翩起舞；黄的水仙，紫的风信子，白灿灿的野花悄悄

地给两岸的生灵抹上一
块块的颜色，然后气势
磅礴地一起在光影里唱
起了春之歌。

　　这条令人惊艳的河
成就了一个作曲家。斯
美塔那因为交响组曲《我
的祖国》里的第二节"伏
尔塔瓦河"而一曲成名，
奠定他在交响世界里的
大神地位。你在布拉格
闲逛时会不时在街头听到艺人们对这首曲子的各种诠释。印
象很深的是一位吉他手对此曲的摇滚式演绎，那是一种彪悍
的颠覆。在离这位吉他手不远处有一位拉小提琴的女学生不
时会加入吉他手添上一些流畅的行板。我以为他们认识，于是
问小提琴手为何两人不站在一起演奏。小提琴手笑着说那是
他的地盘。原来两人是陌路，只不过是在街头练琴的偶遇，
原来这就是那个叫作默契的东西啊！

　　如果卡夫卡是你的那杯茶，那么你一定要用脚丈量一下
整个的老城区，因为这里到处都是卡夫卡留下的足迹。查理
大桥上是一座有着 654 年"高寿"的石桥。此桥横跨伏尔塔

瓦河，连接布拉格城堡和旧城区，全长516米，宽9.5米，始建于1357年，历时60多年方完成。查理大桥桥面为砖石所砌，没有一钉一木，当年修建时，为了使桥坚固，石匠们要把鸡蛋清和灰浆混合在一起砌，整个大桥不知耗费了多少鸡蛋。从1965年开始，历时9年的精确维修之后，查理大桥被确认至少还可以保存1000年。试想一下，当初决定修桥的查理四世国王要是让工匠们"决战XX天"，提前N年建成大桥的话，我们今天还能见到这座古桥的影子吗？

卡夫卡短暂的一生大部分时间是在布拉格的老城区度过的。他的故居位于钟楼附近，在梅瑟街和卡布洛伐街拐角处。19世纪和20世纪之交布拉格城改造以后，原有的建筑只剩下石质的正面，至今只有一块纪念牌。

如果因为追卡夫卡追得太辛苦，那么布拉格老城广场就像一个驿站，给漂游的旅人们提供了一个歇脚的绿洲。蔡依林有一首歌叫作《布拉格广场》，其中有一句唱道："在布拉格黄昏的广场，在许愿池投下了希望"（貌似应该是许愿墙喔，but who cares），相信不少人会因为这个到此一歇。不过自2014年以后你去这个地方就再也看不见歌中所提及的"许愿池"（墙）了，因为承受了太多来自世界各地的爱，政府决定要让"墙"永久休息了。

如果你是一头文艺犬，就可以叫一扎布拉格啤酒，在两

个古教堂的俯瞰下，一边数着一波一波看天文钟的人流，一边给自己写上一打风景各异的明信片，然后投进邮箱。如果文艺犬偶尔变成食肉兽，你的需求也可当即解决——广场上很多烤肉摊子，烤肉就啤酒也是很布拉格风情的。最后在转去下一个景点前可以去登一下高，爬上老市政厅的塔楼一览广场远景。登高遥望空中的布拉格远景，红红的屋顶像星星般密集，仿佛一只只半睁着的眼，在雾气阑珊中对你回望。

布拉格有一种既好玩又神秘的舞台剧演出，叫作黑光剧，每一场大约一个半小时左右，可以去 Image Theatre 观看。这是一种居于滑稽哑剧和歌舞表演之间的表演形式，充满稀奇古怪的颜色光影和梦幻效果，没有剧情所以也没语言问题。

黑光剧事实上就是利用巧妙操控声音和灯光的配合效果，还有表演人员流畅的肢体移动，这台剧看上去更像一个影像现代艺术展而非舞台剧。黑光剧的表演形式就是在布拉格诞生的，是捷克引以为豪的文化遗产。

谈到剧院我必须说说这座在文化历史中占有举足轻重的地位的剧院，那就是艾斯特剧院，它以莫扎特亲自指挥首演《唐·乔望尼》歌剧而名声在外。除了永远的莫扎特，古典乐虫们还有一个地方可以朝拜的就是斯美塔那音乐厅——很多布拉格之春的重头戏都在那儿上演。真想在斯美塔那音乐厅听一次斯美塔那的《伏尔塔瓦河》，期待下次与布拉格的再次约会。

跟·篇·食·谱

飞鱼籽丘比酱蘸明虾

这是一个超级简单，易做，好吃的轰趴食谱。尤其是这道菜的颜值超高，人气也是旺得不行。

●材料：明虾1千克，去壳，留尾，一定要记得挑背上的那根黑筋。丘比酱一瓶（500克），飞鱼籽50克，柠檬一只切块备用。

● 做法：将弄干净的虾用开水焯熟——注意不要将虾做得太老，入烫水两三分钟——一旦开始变红就立马出水，出水后即可冲凉水。凉水的步骤很重要，它主要是阻止刚出烫锅的虾肉因余温继续被焖熟。晾干水分摆盘即可。在堆酱的时候，先在底部堆一些鱼籽，然后堆酱，在酱的上面再堆满飞鱼籽，用新鲜柠檬汁挤洒在虾上，然后再用手捏虾尾蘸酱吃。

12.

普罗旺斯农民的审美与和式餐饮美学

英国作家 Peter Mayle 在他所写的 *Encore Provence* 一书中提到普罗旺斯的农民在一顿随意的农家流水席上都会根据什么样的肉，怎样的煮法，以及上菜的先后次序来匹配不同的容器。农家宴会的主人们并没有受过任何特殊的美学训练，但他们与生俱来的那种对食物以及食物容器的高度敏感确实令人肃然起敬。比如说农家自烤，皮呈深褐色的面包用深色的黑陶盘装，从色和质上都显示出一种拙朴和淳厚的本地风情。文中同时提到"陆续上桌的各色肉类，会依据肉

类和颜色的不同依次排来，从光滑白嫩到粗糙深暗，从猪肉到兔肉，每个盘中插利刃一把，送上台来"。

　　由此看来不同材质的容器，形状、颜色以及深浅均与装什么食物以及何时上桌有关。根据肉类不同的颜色依次排列，从深至浅，或从浅至深，从光滑到粗糙，或反之，从红肉到白肉等，这些看似简单的排列其中却蕴含着一定的美学道理。在我的理解中，所谓美学，就是一种让人舒服，让人感觉好、感觉美的东西。

　　当你吃大席的时候（多重前菜，多重主菜，多重甜点的那种），前两盘可能因为饥肠辘辘而只注意到了食物的味道，越到后面就越对食物的附加物聚焦，并不断在心里玩味。有很多餐厅卖的是食物，比如说那些味道很香，家庭自主经营的小餐厅。但也有很多餐厅卖的是服务和食物的附加物，尤其是昂贵的餐厅。

　　20 世纪初，食物美学、餐桌美学作为一种文明现象出现在西方社会各阶层。德国社会学家诺贝特·埃利亚斯（Norbert Elias）在他的 *The Civilizing Process*（1939）一书中强调："随着社会阶层的日益复杂化，食物和它的呈现方式也以一种全新的面貌，以一种更美、更精致、更高雅的方式出现，一如人类社会一样。"

　　食物美学完全是可以自学成才的，第一堂课便可考虑选一家较好的日式餐厅，多点一些他们的前菜，当然最好的地方就是类似居酒屋的餐厅，在居酒屋将"和食 100 课程"完成后，便可升级进入正式和食料理系列学习。

在列治文那条著名的饮食街上就有一家很有意思的居酒屋。它门面不大，烛火点点，里面空间狭长，尽头处黑黑的，显得深不见底，但每天却人声鼎沸。那龙飞凤舞的手写日文餐单被放得巨大，随意地贴在门上，虽然人们不明白写的是什么但却是一块略带神秘意味的招牌。

饮食街和这家店的店面感觉都有点儿六本木的味道。六本木是东京著名的居酒屋聚集区，也是名副其实的不夜城。日本人喜欢在一天紧张的工作之余，邀上三五好友，像串门一样在各个不同的居酒屋之间吃来喝去，尽兴才归。每个居酒屋都有它自己的特色，比如说，有的居酒屋是以烤串出名，有的居酒屋是以煮物、小火锅著称，而另一些则是以自创的独家秘方小菜走红。这样一来，光缩在一家酒屋里肯定是不尽兴的，所以当日本人说去喝酒实际上就是去饮食街走街串巷，吃了一家又一家，喝了一地又一地，一拨人通常一气横扫四五家酒馆则是常事。

温哥华本地的居酒屋则是较为全面，各色下酒菜都兼而有之。

在大部分日式餐馆里（包括居酒屋），用来装菜的器皿都很讲究，虽然有一定的基本美学规则，但从风格上来说，不同的餐馆自有它不同的侧重点，餐馆的餐桌美学随着现代

摄影的大量介入而越来越与食物的本源脱离，成为居于食物和艺术之间的一道亮丽景观。在讲究的地方，整个餐厅被它的创造者（厨师或老板）几乎布置成了一个小剧场，而许多舞台美术的规则也被运用到餐桌上，譬如说，舞台的整体观，结构，台面安排等这样的一些概念。被端到桌上的食物以及装食物的器皿，不光要对鉴赏者（食客）的味觉负责，也要对鉴赏者的其他感官负责，必须在味、形、色、香、"衣着"，甚至包括音——可以是背景音乐，也可以是单独为餐厅或特定场合原创的音乐上，有一个全局的安排，对食物的味道进行烘托，从而将进食这门艺术推向高潮，就像一场戏一样，有序曲，有发展，有高潮，有结尾。食物本身的摆法和器皿的选择成了厨师花费大量时间和精力研究的专门学科。六本木一家小酒馆里的一道菜给我留下了深刻的印象。那是一盘叫作"波音747"的菜肴。

"波音747"是一道以大虾（tiger prawn）、三文鱼、牛油果、黄瓜、栗子、日本酱瓜、黑色的飞鱼籽、棉花糖等材料做成的下酒菜。它的形状像一架飞机，机舱外沿是一格红一格绿的颜色（三文鱼和牛油果）做成的窗，已去掉须的虾头又红又亮，就像机头领引着飞机在大洋的上空飞翔。盘子是那种深深的，很沉静的海蓝色，盘子的面上有些细小的，呈波纹型的凹凸不平，就像海平面的微浪，而由棉花糖做成的白云则在机翼的旁边一缕一缕地飘荡。本来以上所有的元素都很不"日本化"，但在机尾上翘的地方却有了一个由黑色飞鱼籽做成的航空公司"徽章"——一个与阴阳圆非常类似却又不是阴阳圆的东西，那是一个一半黑、一半白的"圆章"。黑与白，圆与半圆，是和不是，那种沉静的似是而非，一下子就把禅意调出来了。

看了好半天舍不得吃，实在不忍心从任何一处下筷，最后只好先"搅局"——几筷子先把它的形状打乱，然后才甘

心往嘴里送。一道菜
能美得令人不忍下
手，也实在是一种境
界。

理查德·霍斯金
（Richard Hosking）
在他的《日式食物学
词典》中（*A Dictionary of Japanese Food*）将食物
的摆盘法（moritsuke）分成好些不同的小组，其中包括最主
要的三种：1.条状和片状食物的斜向排列——斜向排列的几
何美；2.条状片状食物的重叠排列——纵行向上的空间感和
立体美；3.圆形或小堆成团食物的金字塔形排列等，就像舞
蹈编排者在创作一台戏，作者将盛食物的器皿当作了框架，
就像作家起草故事大纲，画家用画笔勾画线条，而所有的食
物艺术都将在这个大框架里进行和实现。

平常中见典雅，质朴中藏华丽，繁而不琐，闹而不忙，
这些特质可以很好地在和式美食的呈现上得到体现。尤其是
在杯盘碗盏的搭配中，和式美食更是独领风骚。

在一大桌和式料理里，你可以看到颜色在貌似纷乱里透
出园艺师设计园林的精巧：艳而有序，大与小和谐地相映成趣
（面碗和小菜碟），阴与阳之间顾盼生辉（黑黑的粗陶饭碗

与纤巧的青瓷小菜盘），冷热交替出场，各领风骚（而不像西餐一般先冷后热），理查德·霍斯金对日式食物的美学定义在居酒屋里得到充分展现。炸大虾天妇罗、冷拌面、鱼生锦合等都可以体现他在书中所提到的那些摆盘原则。

除了食物和器皿这两位"男女主演"外还有一众的配角起着重要的烘托作用，如桌子本身的装饰，花瓶的材质和形状，酒具的颜色和形状，甚至包括座位和窗外景色的对应等也是食物美学考虑的范围。平常我们所说的秀色可餐，说的就是一种感官之间的互相交流。

一边享受美食可以一边学到很多有关美食与美皿匹配的知识，应该是一桩很惬意的事情。美是要去感受的，美存在于生活的每一个空间里。当然，对所看到的一切要有自己的判断力。完全按照规则玩，不过是一位能匠，很难成为大师。而大多数流派的形成，都是由打破规则开始的。呵呵，慢慢学习，慢慢创造吧，你一定会有成就感的。

跟·篇·食·谱

法式功封鸭

此菜准备时间较长，所以从熬鸭油说起。

● 用烤箱熬鸭油

一个带头脚去脏的鸭子，2.5千克左右，剔下鸭胸肉（可带胸骨）、鸭腿、鸭翅膀，剩下鸭油、皮、脚和骨架。把鸭油、皮、骨架放烤盘里熬鸭油——至于用哪种烤盘就各有所好了，当然大部人应该是根据自己家的烹饪用具略做调整吧。烤箱一般有两种：从底下出火的conventional oven和有热风循环布热的convection oven。后者因为热度是均匀散布的所以相对要快和好一些——不会因为热度不均造成烤煳或不熟的状况。所以在烤鸭油时如果是用前者，那么温度会稍稍高一点，而后者正好相反。

做法：将鸭皮、油和骨架放在一个可以烘烤的瓷盘或陶盘里，如果你的烤箱是隔了三挡就放在中间的那挡上。普通的烤箱可以试试用170～180摄氏度，通风的烤箱则在150～160摄氏度。在这个温度基础上烤50分钟左右，关火之后让它在烤箱里等个十来分钟，然后拿出。

一定要戴烘焙手套，不然会很烫。取出烤盆后将油汤里的所有骨头、鸭皮等大块的杂碎全捞出，然后再用一个滤勺将鸭油汤撇清。将烤出的鸭油汤放到火上去回一下锅——将水再蒸发掉一点，然后将油、汤分离。如果喜欢口味清淡一点的话也可以省掉这一步，烤箱出来就进行汤油分离。这个烤出来的油汤就是做功封鸭的基本原料了。

什么是"confit"？"confit"是法语，意思是食物中动物自身所带的油脂和汁。所以当你到一家餐厅看见餐谱上有"duck confit"、"salmon confit"

就知道是什么菜式了。典型的 confit 是先做完了在冰箱里放置十天八天后再吃。做功封鸭一般用鸭腿做。可以直接另外再买几只鲜鸭腿，一起"入窖"。

● **材料**：鸭腿 4 只，鸭翅 4 只，spring thyme 一支，鲜蒜一球去皮碾碎，红葱头（shallot）一个切碎，甜苹果一个去皮去核捣碎，海盐一小勺，黑胡椒一小勺碾碎，鸭汤适量，鸭油适量——汤和油都以将锅里的鸭腿、鸭翅没顶为准。

● 做法：先将鸭腿用纸吸干水分，用叉子在表面戳一些小洞，然后用胡椒和盐至少腌一个晚上。

将鸭腿和鸭翅均匀地在烤盆里摊好，皮多的一面（正面）向上，淋上鸭汤、鸭油，撒上其他香料，盖上盖子，盖子上最好能有小洞可透气，或者也可以用锡纸包紧，在上面用牙签戳几个小洞。烤箱温度设在 90 摄氏度，烤 8 小时（一整夜），直到鸭子骨肉脱离。

从烤箱端出，冷却以后用锡纸包裹放冰箱里"冬眠"——至少让它们睡一个星期之后再食用。

剩余的鸭油如要继续用必须用滤勺将杂物滤清。

其实这个鸭子是一鸭数吃：鸭腿和鸭翅做功封鸭；鸭杂碎、鸭架、鸭爪什么的加上一些蔬菜就是一碗很好的鸭汤；鸭胸肉可以做香橙鸭脯，而鸭油可以保持三个月。

13.

西班牙台阶的浪漫小屋

许多人知道拜伦、雪莱甚至玛丽，但好像济慈这个名字与前几位相比却有点生疏。

在罗马著名的西班牙台阶旁坐落着一栋安静朴素的小楼，小楼的前、后、侧面都被窗户和花木环绕着。这就是济慈雪莱小屋——即使雪莱从未在这儿住过。

这个小楼二楼的一间小套间里记载着诗人济慈与另外两个著名诗人拜伦、雪莱的友谊与传说。

济慈生前既不著名也不富有，不像拜伦、

雪莱属于名门之后。济慈来到罗马时便已是肺病缠身，体质虚弱，精神不济，他和友人下榻于西班牙台阶旁这个宁静的小楼里，一边经历着精神上的折磨一边沐浴着友谊的雨露。济慈在生病以后经历一众世态炎凉而终于到了眼睛容不得英格兰来信的地步——当然除了他深爱的未婚妻。

这个小屋充满了遐想和浪漫，它讲述着拜伦的不伦爱情——伟大诗人居然敢在那个时候与自己的半个亲姐妹奥格丝塔火热相恋，虽然其中千回百折，扑朔迷离，但他们的相慕相悦却是当时有目共睹的事实。

这个小屋也记载了雪莱与玛丽一见钟情，断然与自己的发妻断绝关系扑入爱情怀抱的壮举。他们相亲相爱直到八年后雪莱在意大利托斯卡尼海岸溺死为止。

这个小屋当然目睹了济慈与他的同性友伴情深意切的友谊和他生命中最后的日日夜夜。

这个小屋与诗人的关系可以说是打断骨头连着筋。因为它经历了抽筋剥皮的痛苦——在诗人去世之后，根据梵蒂冈的法令，肺病病人死后所有的家具和窗帘布帷等等物品一律都要火化。现在我们看见的一众物品不过是根据当时的样式复制的，除了那个墙上不可被拆卸的壁炉外。看着那个逃过一劫的壁炉，脑海里升起的是奄奄一息的诗人在围炉取暖、喝汤的情景。

诗人与友伴之间的情意，诗人对死亡光临的平静等待，混合着令人心碎的辛酸和浪漫一起酿成了这间小屋私密和忧伤的氛围。

下雨天是去拜访这个地方的好时候。雨就像一种介质，将很久以前和现在不知不觉地混合在了一起。从济慈暂居的小屋窗口望出去，外面是另一番天地。屋前的小广场上伫立着柏尼尼的船形喷泉，喷泉旁是一堆堆喜气洋洋的远方来客在广场上秀着他们的健康、他们的幸福和生气。旁边窗外石板台阶上来来往往的脚步带着或远行或归来的欣喜穿梭着。

眼里看着屋外的阳光心里体味着屋里的忧伤，不禁感叹肺病这个杀手夺去了多少芳魂，如济慈，如萧邦，如……看来肺病也是个阴险狡猾的东西，它专门选择多愁善感、才华横溢的灵魂，要占他们为己有，真可谓天妒英才。

难道是因为他们的才华使他们拥有了一个比他人更敏感的肺？

难道是病魔知悉他们的脆弱之处和奥秘便要可耻地利用这一点？

因为比他人

敏感所以他们的触觉就比别人要发达许多，所以他们才能书写出那些美丽独特的篇章。

也因为非同寻常于是他们便会做出出格于常规常理的事。

他们常常只需要知道磁与铁是相吸的便可，而不需要知道为什么它们相吸。如果被吸引了，那就被它吸住好了。

济慈说"真便是美，美便是真"，"美的事物是一种永恒的喜悦"。就如深埋于土的希腊古瓷，无论何时何地，一旦重见天日仍旧如几千上万年前一样发出迷人的光彩和色泽。

本来济慈是要学做医生的，可他选择了写诗。人生就是一连串的选择。生命从一开始就是一个走着瞧，看看到底能

走多远的过程，既如此，那又为何对自己苛刻？

济慈雪莱的小屋悬浮于西班牙广场喧闹的人声鼎沸中，它自安然，它自淡定，从容中流露出一种远古和永恒的浪漫。

白茶，白酒，黄油三白菇

● 材料：白牡丹茶半杯（浓），白酒（white wine）半杯，黄油两勺，橄榄油两勺，蒜茸一勺，黑胡椒适量，淀粉一勺，鸡汤一碗，金针菇 250 克，蚝油菇 250 克，白平菇 250 克，蚝油两勺。

● 做法：用橄榄油爆香蒜茸，放酒煮 2 分钟；加入白菌、黑椒粒、鸡汤一起煮 20 分钟，勾芡，再煮几分钟即可。

这是一道超简单，超好吃又健康易做的菜。下饭或夹面包都很不错。

14.

旖旎的台伯河

如果你在罗马只待一天，那么就去台伯河吧！

美丽的台伯河如一根绿色的玉带横贯罗马市的南北。它不宽，也不风高浪急；它缓缓地，悄悄地，像一位教养良好，娴静的大家闺秀风情无限地流过。

河岸两旁多为浓荫蔽日的人行道，在周末可见家庭主妇推着婴儿车，背着购物袋在粗大的绿树下悠闲地漫步。在台伯河上有两座古老的小石桥一东一西，将世界上最小的有人居住的小岛——Isola Tiberina 与城市连接起来。靠西的那座桥叫作"Ponte Cestio"，靠东的那座叫作"Ponte Fabricio"。

台伯岛仅仅宽 67 米，长 269 米，整个岛的形状看上去非常像一条大船，一帮前朝遗老的写手们竟然声明"The island was formed over the wreck of a sunken ship"，但实际上这个小岛是由冷却后的火山石形成，不过赶巧刚好借了船的形状。

台伯岛原来是一个类似观音庙的祷告中心，是家人朋友专为病人祈福的地方。台伯岛自 3 世纪以来就一直是一个以康复为主要目的的小小中心，它的传统一直延续至今。曾几何时台伯岛还一度为 home to the ancient temple of Aesculapius——古希腊药神，如今 10 世纪建成的巴梭罗密教堂就伫立在原希腊古庙的遗址上。

紧挨着小岛的一侧有一座长满青苔、面貌古老的石头拱桥，它只有一半，一端与西岸苦苦相守，另一端与城市东部断臂相望，它的名字叫作"断桥"。

断桥始建于公元前 142 年，原来的意大利名字叫作"Ponte Rotto"，直译为断桥。

沿着河岸朝北走，可隐隐看见远方的梵蒂冈及圣彼得大教堂圆顶的轮廓。

　　请走上任何一座跨越台伯河的桥，站在上面朝西北方向观望，你会看到圣城在阳光下熠熠闪光，与空气摩擦发出一种非凡的光晕，给人一种此景只应天上有的感觉。空气中的阳光是纯金色的。河道里的河水是绿油油的，两岸的大树是绿茵茵的。

　　笔者尤其喜欢的是河东岸的林荫道，再往东走便是犹太人居住区 ghetto，这里充满了古老、生趣盎然的街巷、集市和各色店铺。沿街有一些极老的房子，不是那种金碧辉煌的教堂、庙宇，也不是那种有几百上千年历史的大殿，它们事实上只是一些有着一二百年房史的民居。这些民居看上去使人想起上海的某些老房子，如带有老虎窗、天台和阁楼的那种。房屋四周开满了各色很平民的花朵，像牵牛花、金盏花、一线红等等，给人一种很强烈的居家过日子的感觉。

一直往里走（东、东北方向），沿着极旧极窄的石板路慢慢徜徉，正当你有山重水复疑无路之感时，突然面前便开阔起来。

在几栋世纪初建成的、五六层楼高的民居合围下，中间凭空多出一块空地，上面像地里长出来似的，涌满了各色鲜花、盆景、蔬菜、水果以及推销家用小什物的小摊档。原来这就是一个典型的 ghetto 小市场。在果菜摊上，光品种不同的西红柿就令人看得眼花缭乱，那些颜色各异、形状奇巧的辣椒及各种 berry 如兰草般各自散发着芬芳，向路人散发出致命的诱惑力。两只腿如同磁碰到铁一样走不动道了！于是找了家路边的小 cafe 就着脆生生的犹太甜点开饮。

跟·篇·食·谱

白酒大虾意式宽面 Fettuccini

　　Fettuccini 是意式鸡蛋宽面的别称，它的味道、口感和中式的手工擀宽面很像。照传统来说宽面在意餐里是按重口味来匹配的，如用味道重的奶酪，大块的浓汤蔬菜以及很浓的红酱等。但流行西餐则完全颠覆了它的烧法，不重浓口感，但求细致和赏心悦目。于是这道菜就变成了用橄榄油、白酒汁和明虾烧出的佳肴。

● 材料：意式宽面 450 克，西红柿 2 片（横切成圈），嫩百佳利 8 根，虾 12 ~ 14 个（看大小论），蚝菇数瓣，橄榄油 30 毫升（根据各人口味加减），松露油数滴，盐、现磨黑胡椒各少许，白酒（最好 Chardonnay）约 30 毫升。意大利混合干香料少许。

● 准备：将面条用水略煮（熟而不烂），冲凉水后备用；将百佳利，蚝菇在煮面水中焯熟后捞起，最后将虾在水中焯一焯，外面变红即可捞出，备用。

● 做法：将橄榄油、白酒和意大利混合干香料一起入锅，加热后将面倒入，翻炒 1 分钟左右（中大火，不要开最大火）；将面扒至锅边，中间下虾，翻炒数下，用盐、现磨黑胡椒调味，再略浇点白酒翻炒数下即可入盘；就着锅中剩下的汁将百佳利和蚝菇一起放入锅翻炒 30 秒左右即可。摆盘如上图。

配酒建议

此意面配上口感略甜的冰镇白酒或冰镇日本清酒均绝妙。

15.

醉在雨中的威尼斯

火车在一片混沌中冲进了威尼斯的停靠站。风，雨，天，如混沌初开时一般抽象，不分你我，瞬间竟让这个一向阴柔的城市充满了阳刚气。

贡多拉艄公们咏叹调里的抒情也因为天气的刚强而显得高亢果断，变脸般从轻柔甜蜜的普西尼一下换成了气冲云霄

的瓦格纳。

从威尼斯火车站去圣马可广场我选择了走外环水路（后来证明了这个决定的英明）。

开始以为如此暴怒的天公会使船被迫停行，但威尼斯人好像与老天有协约，不管发生什么，生意照做。于是人载得满满登登的船在波峰浪谷间嘭嘭穿行，不时有人喊停靠。船上负责开关船门（事实上是一条绳子，并无真正意义上的门）的工作人员像个渔民一样穿着防水服，随意地大声吆喝，像赶鱼似的赶着人们上上下下。

在海面上航行的船只互相间隔得非常近，而且速度极快地飕飕呼啸而过，让人想起星球大战之类的画面。于我，这是充满冒险性和戏剧性的场面，但这就是威尼斯人日常生活的一部分。在这风雨飘摇的颠簸之中，脑子里时不时有泰坦尼克号驶过……当然我不怕水，因为我水性好，连泰坦尼克不都还有生还者吗，我的水性是我敢做此类事的底气。

外环水路海阔，风狂，景物看上去几乎像被广角镜滤过一样宽扁，凹凸。两岸的风景变得不熟悉起来，以为是拍电影舞美功力不到家弄了个 fake 威尼斯来充数，感觉非常不真实，非常卡通，这是一般情形下见不到的威尼斯。

圣马可广场一如既往的人山人海，孩子顶着五颜六色的雨披旋风般地在与鸽子周旋。

鸽子在雨中狂欢，小孩在雨中疯跑，大人们则在不断地拉扯孩子和挑逗鸽子。

不想看太久广场上的人与鸽，于是沿着一条曲径往城市的纵深处探去。

小径通幽，一个箭步就可跳进对方窗户的宽度使两边种了颜色鲜艳盆花的旧房子平添了一份私密和暧昧。因为着迷就毫无目的地往前行，往前一拐弯突然就没有了退路，直直地来到了水边，在水边探头探脑了一会儿发现自己站在了一块长方形的开放的空地里，四周是人家的各色窗户，里面黑洞洞的，在那儿转悠了几分钟搞不清到底是我在偷窥他们还是他们从暗处在看我。

前方无路可走只好往回退，没退出几步就轰地一声又被人流所包围。

一拨一拨的人撑着五颜六色的伞在滴滴答答中穿街过巷，上桥下桥。桥两边的工艺店里挂满了著名的威尼斯玻璃制品，玻璃们在雨声和灯光里幻化出诡异的彩虹，忍不住便买了几件，然后找个河边的酒吧坐下就着橄榄很尽兴地喝了一盅。边喝边看这个城市的风景，再看看风景里的那些人。

长年积存的水雾给威尼斯蒙上了一层退之不去的朦胧，房子外墙上的斑驳与那些有着几个世纪年龄的门窗相辅相成，共组成令人感慨万千的旧日风情。

运河的水是绿的，来来往往的船只并没有将它搅浑。雨点突然加剧，它们打在绿色水面上噼噼啪啪如千颗万颗珍珠落在那绿缎般的玉盘中。

运河里，贡多拉船夫和船上的游人被困在了水中。船夫们剧烈划动的船桨和拱成桥洞般的躯体无言地诉说着生活的无奈与艰辛。就这样平日里那些与歌剧有关的浪漫突然间都变成了与生活有关的实质。

那条著名的叹息桥上有几位美国女游客突然即兴又唱又跳地舞起了著名的《雨中曲》。"singing in the rain, dancing in the rain"……结果便是形成了大队伍合唱，一片欢腾。人们在雨中找乐，人们在雨中穷乐。

喝着酒，听着歌，醉里不知身是客，酒后贪欢，于是用纸巾蘸红酒头晕眼花地在桌上写道："乐乐乐，仰首向天歌，红衣衬绿水，黄伞托清波。"

威尼斯的风情早餐——鲜鸡蛋核桃仁烤鲜菇菠菜

● **材料：**嫩菠菜叶100克，平菇200克切片用黑胡椒和盐速腌一下备用，鸡蛋2个，青蒜叶几片切碎，面包两片，黄油、橄榄油、白酒各少许。

● **做法：**这道菜原来是烤出来的，但是如果你更习惯用锅炒，也是可以的。

用橄榄油加热炒青蒜叶直到出香味，加上黄油和腌好的平菇，炒煮四五分钟加白酒。酒热后将菠菜加进去。用另外

一个锅煎两个一面黄的鸡蛋，等菠菜变软熟后直接加上去。将面包片洒上橄榄油，烤热或煎热，最后将锅里的蘑菇菠菜先铺在面包片上，最后盖上鸡蛋，撒盐和胡椒即可。

这是一道非常好的早午餐，是周末的首选。

16.

米兰！米兰！

心里一直纳闷米兰这个在地理位置上前不着村、后不着店的地方是怎样取代威尼斯的商业龙头地位的。答案在米兰大街上走几遭后就明白了，因为米兰有一种特殊的气息。这种特殊的气息使这个城市浓烈的铜臭味丝丝入扣地蒸发于混合着丁香、茉莉、紫玫瑰的空气里。这种特殊的气息也将中

世纪的城堡、文艺复兴时期的建筑和现代摩登住宅融和在同一空间里，在那里同呼吸，共命运，享受新老混血外貌所带来的快感。

马路上最新款的顶级豪华轿车与世纪初的有轨电车在窄窄的街道上笛声长鸣，争先恐后，但相互间并无任何不快或因此而派生的意外。

古城堡四周绿树参天，古旧中呈现浓郁的盎然生机。城堡周围的楼房、马路都维持着初建时的风貌，有轨电车的铁轨交织着、盘绕着，为米兰添上岁月的美丽。

清晨在古城堡周边的花园里漫步，一时恍惚以为回到了中世纪，而自己则变成了一位博学的思想家神父，边漫步边在心里构思着鸿篇巨著。

意大利人热情浪漫，脾气暴躁，对于脱俗或入尘这一点看得很清楚。

什么叫慧眼识真理？慧眼识真理就是明

白人是脱离不了尘俗尘土的地球生物。而法国人却很难做到这一点。法国人心中有一道看不见的坎，那就是一种总想与众不同，超越平常的心态，这种心态为己为人皆平添了不少烦恼。突然间想起英文里的 "earthy" 或 "down to earth"，感觉它真是把那种感觉刻画得入木三分。务实就是要放下来，脚踩在黄土上，脚踏实地。

意大利人与钱很有缘分，米兰大街上跑的车，人们身上的着装、佩饰都充满浓浓的金子味且非常有品位。在午餐时间，随便往哪个咖啡店一坐都可看到穿着质地讲究、颜色和谐、款式时尚的男男女女们不停地穿梭往来，令你有如置身于 T 型舞台一侧在看秀的感觉。

米兰大街上的一切都在提醒你，你正置身于世界时尚之都。

另外尤其值得一提的是米兰的食物实在太美味了！随便在街角找一个 cafe 你都会与美食们有一场艳遇。

跟·篇·食·谱

绿酱汁浇赛波鱼排 (Green Pesto Cod Fish)

　　米兰是意大利著名的美食生产地。很多意大利著名的食物原产地、诞生地都是以米兰为中心的意大利北部美食中心 Lambardy 地区，如 Gorgonzola cheese、 panettone 蛋糕等都是在那个地区诞生的。在米兰逛街你真的会被当地的美食吓到：随意一个街角的咖啡馆都可以吃得你恨不得仰天长叹。

　　绿酱鱼排是一道非常好吃又操作简单的菜肴，而且做绿酱一次可以多做些装罐备用。这个绿酱是意式绿酱的改良版——法式绿酱不带果仁，我将松仁改成了杏仁并去掉了奶酪。

● 材料：黑鱼或比目鱼排（去皮骨的 fillet）200 克 / 块（2 块），鲜蒜一头去皮，九层塔一把（只用叶），香菜 5 根，杏仁片 50 克炒香备用，橄榄油 200 克，鲜磨黑胡椒和盐适量（根据个人口味定），鲜甜杏 4 个去核切半，arugula 垫盘用，生菜一叶垫盘用。

● 绿酱的做法：将以上材料除鱼和摆盘用的两样绿菜叶外全部扔进搅拌机，搅拌至糊状为止。

● 做法：起油锅中火将鱼煎熟，喜欢口感有点脆的多煎一会儿，完全不喜欢油煎口感的可隔水将鱼蒸熟。在鱼快熟时，将切好的杏子置于锅内的边缘处，几分钟就焖熟了。用两样叶子摆盘（等到鱼的汁和绿酱汁一起渗下就变成了好吃的菜叶色拉），将做熟的鱼置于叶上，浇上绿汁，汁以盖满鱼肉为止，将杏子放在鱼肉之上即可上桌。

17.

佛罗伦萨日光下

还记得经典影片 *A Room With View* 里面的各种场景吗？红瓦灰墙、石板小道在各色文艺复兴式的 solid 建筑间穿越，石头的雕像和真人难以分辨地混杂在一起。

天空碧蓝如洗，鸽子结伴飞翔，阳光如雾般沐浴着人们的脸。

心花在古典美的氛围里一朵一朵地慢慢开放。

在人头攒动中向着大教堂移动的同时，在如海洋般浩瀚的人流中，我慢慢地失去了感觉。

就在到达大教堂门前的瞬间我改变了主意。于是我调转头来朝它后方的美第奇家族教堂走去。

美第奇家族教堂是一个去佛市不可错过的地方，绝对物有所值，虽然它的门票并没有包括在你的佛市 pass 里面。

这个教堂对于读过有关佛罗伦萨历史的人那就更是有一种往事历历涌上心头的感觉，因为你在里面不光见到他们的安息地，而且还有栩栩如生的两组雕像，一组是家族主事人洛伦佐·美第奇（哥哥），另一组是佛市当时著名的美男子朱利亚诺·美第奇。这组雕像就像活人一样生动，每一寸肌肤，每一根毛发都有呼之欲出之感，好像一召唤就会姗姗走出历史来到你面前。它们虽为雕像，但却比活人更多了一份远古的不朽和永恒。

如果时间充足，请沿着教堂步行一圈，这个建筑的外围是一些很老、很糙的浅棕色碎砖，看上去像历史遗迹，与里面的豪华、辉煌形成有趣的对比。另外，旁边那个类似街心花园的绿色小院子里有一尊白色雕像给人一种非同寻常之感，我在那儿站了很长时间，只是为了企图搞清为何在心里觉得它非同寻常——当然这可能只是我个人的感受而已，but give a try，不会后悔的。

佛罗伦萨的市里很拥挤，建筑高大，结实，草木不多，石板路曲里拐弯的，街道狭窄，游人更是一群一群地往各个旅游点扑，时间一长，眼花了，头也晕了，于是你可能会 miss

蓝天、绿树和空气，这时你就该走出市区，从远处看看有距离的佛罗伦萨，看它在阳光下怎样地熠熠发光。

毛姆有篇小说名字叫作 *Up At The Villa*，后被改编成了电影，中文把它翻作"佛罗伦萨月光下"。

在这暂且把月光放一放，让我们见识一下阳光下的佛罗伦萨吧！

去过或没去过佛罗伦萨的人一看见那红色的圆顶便知道那是佛罗伦萨的标志，而在近处却很难得到一张完整的带红色圆顶的 city picture，去哪里才是最好的 spot for picture 呢？hotel 的门房告诉我，应该去米开朗基罗广场，那是佛市最好的观景点和 photo spot。

去米开朗基罗广场要越过 Fiume Arno 河才能到达佛市的南部，广场坐落在市南的半山腰上，旁边的山坡上还有一个

非常美丽的小花园，以栽种各色爱丽丝（Iris）花而著名。

在这条河上有一个名气很大的市场，市场就建在Ponte Vecchio桥上。坐观光巴士过桥时，放眼望去很有布拉格的风味——数桥横跨不宽却秀丽的河，如绿色丝绸上镶嵌的银箔，很有韵味。Ponte Vecchio桥有围墙，还带顶，它不是一般的纯开放式桥，市场便在那顶和墙的包容之中。

从远处看，市场里万头攒动，逛集市的人们被框在了桥身上开着的窗户里，而背景却是波光潋滟的水，真是别有一种风情在眼前。

观光巴士一路从市区往南扎过去，过了河以后就开始爬高。这个绿色小山头容易让人联想到比佛利山，两旁的别墅虽然是小号的但比LA的那座小山更有历史感，更隐秘，而且使人想到庭院深深深几许这类字句，不知那深深院落中又隐藏着怎样的人间故事！

待巴士爬到小山顶时，你会看见大卫的雕像耸立在一个

小广场的中心——当然此大卫为 copy 也！

广场面向佛市，背依青山，远处有河水蜿蜒流过，山腰有鲜花悠悠相伴。值得一提的是，这个小花园很 worth 一去！在那儿你可以看到许多不同品种的 Iris 花，连一般小型的植物园恐怕也不如它来得齐全！

　　站在广场齐腰高的围墙边，向城市放眼望去，你便会看到在许多与佛罗伦萨有关的电影里，经常出现的那个经典场景——著名的 Dume 那橘红色的大圆顶在灰蓝色的天空下熠熠发光，向观望它的人们诉说着一个个有关文艺复兴时期的记忆，大师们的名字以及那些神秘的至今仍没有破解的历史之谜……

　　经常看见情侣相拥而立，一边观景，一边互诉情怀，有的情侣肩并肩地绕广场漫步数周，仍就兴致勃勃毫不厌倦……

　　我在那儿也是一待就好几个小时，如果不是感觉有凉意可能还会乐而忘返。奇怪，那个地方好像有一种什么不可言说的东西，把人定定地吸在那儿，不愿离去！

跟·篇·食·谱

经典意面——托斯卡纳之粉色

　　托斯卡纳是意大利有名的美食区域，它自成一体的美食风格使之总是站在美食的风口浪尖。The pink sauce，粉色酱汁是托斯卡纳区特有的美味。粉色酱汁其实就是白酱（alfredo sauce）和红酱（tomato sauce）的综合体。

　　● **材料**：细意面（spaghetti）300 克，橄榄油 100 克，鲜蒜切碎，新鲜青口 500 克。

　　● 做法：将面条煮熟——不要让面煮烂了，注意在煮面的锅里放一点盐和几滴油。起油锅（中火）将切碎的生蒜炸香，然后放西红柿酱和白酱进去翻炒搅匀至整个酱呈粉红色；倒点白酒(white wine)进锅，然后将青口放入，翻炒。青口的口张开了，意味着熟了。最后放进煮好备用的面条翻炒数下后即可关火。留锅在火上用余温焖 5 分钟左右，起锅摆盘即可。喜欢奶酪的可加进盘中。

小贴士: 按托斯卡纳的传统, 红白二酱的比例大约为 1 : 1.5, 以白酱略偏多。当然这还是视个人口味而定。现在做的这盘面就是红白酱各一半做出的。红酱也有多种, 喜欢那种带九层塔的酱, 有一股微微的甜味。

18.

餐厅常用意面名称小手册和快速做意面的绝密方子

意大利北部的美食经典传承：扁薄鸡蛋面 Tagliatelle

Tagliatelle（tal-ya-TELL-lay）是一种传统的意大利扁鸡蛋面。这种扁切面的方式源于意大利北部的 Emilia Romagna 地区，这个地区以悠久丰富的美食传统闻名于世。这个地区也是著名的意大利黑醋、风熏火腿以及帕玛森奶酪的原产区——那种在比萨饼上经常用到的奶酪。Emilia Romagna 地区的重镇是大学城 Bologna——坐落于威尼斯和米兰之间。Tagliatelle 比在餐馆常见的 fettuccine 要稍稍厚一点，它一般会跟一种叫 Ragu 的肉酱一起拌着吃。这个 Ragu 肉酱也是名产——

你随便去一个超市都会看见货架上有 Ragu 标志的瓶装肉酱卖。Ragu 酱的最大特点是里面的肉或蔬菜都是以某种方法腌制过的。意大利传统的方法做这种扁鸡蛋面会用两至三种奶酪混合熏肉——现在也有用熏鱼的（熏三文鱼），外加一些切碎的新鲜小茴香叶、莳萝（dill）来做。

是不是想起我们的炸酱面了呢，也是用做好的调了味的肉末和上葱姜蒜什么的一起拌着吃。

DIY 意大利经典

1. 熏三文鱼火腿山葵 Tagliatelle

原料：手切面 500 克（三人份），熏三文鱼切小块 200 克，熏火腿切小丁 100 克，山葵 4 只，鲜蒜半球去皮切小丁，Ragu 西红柿酱 500 克（这个很多超市有售且量大价平）——当然也可自己炒西红柿酱，Dill 一支，西红柿（大）一只切丁备用，圣女果 6 个切半。

山葵处理方式：先切小丁或段，用 ponzu 汁（柚子味酱油，也可以自己用柠檬汁加橙汁和酱油混合）泡上备用。这个可以提前准备，尤其对不吃奶酪的人来说，山葵会溢出很黏的汁，将面更好地与汁糅合在一起，同时山葵的清香和熏鱼熏肉的重口感互相衬托、中和。

做法：将面煮熟（九分熟，不要烂）稍过凉水置于一旁备用。用少量普通油起锅将生蒜炒出香味后再将西红柿放入爆炒 1

分钟；加入火腿丁炒半分钟左右加入西红柿酱，炒半分钟左右，将煮好的面放入锅中。此时先关火，然后将面在锅中与汁拌匀，焖1分钟左右起锅装盘。装盘后先将切碎的熏三文鱼入盘，再用切半的圣女果和dill装扮。爱吃奶酪的人可撒上奶酪。爱吃奶油口感的也可在西红柿酱里适量加鲜奶油（cream）。

可心贴士：在做这道面餐时，除了Tagliatelle，还有另外其他的三种意面也是很好的选择。它们是fettuccine，linguini和spaghetti。其中最宽的面要算fettuccine，其次是tagliatelle，然后是linguini，最细的是spaghetti。这四种面应该是当你去到一家意大利餐厅时，面类里最容易遇到的品种了。

在欧洲旅游时如果你的"中国胃"开始闹腾了，就可以挑一款贴心意面来安抚它，一盘子面条下肚，立马你的心就安了。

老外都是这样用叉子叉面的。一叉就是一大卷，所以吃起来基本上虎虎生风。

2. 海鲜白酒烩宽意面 fettuccini

可以选用四种面里的任意一种。

原料：面500克，大虾去头和壳（明虾）8只，新鲜蛤蜊、带子各200克，白酒（white wine）一杯，盐、胡椒少许，小白蘑菇8个，劈半，白酱半碗，橄榄油或玉米油小半碗，鲜蒜球半个去皮切碎。

做法：将面煮熟（不烂），注意在煮面的锅里可放入少量的盐和油，这样可以既帮助入味又防粘黏。将大虾、带子在开水里先焯2分钟，捞起备用。起油锅（一半油）将蒜炒香，下蘑菇翻炒片刻后将大虾和带子一并倒入，喷洒白酒（一半），将虾和菜一并捞起备用；用剩下的油另起锅，油热后将面倒入，即刻将另一半白酒倒入面里，翻炒数下后关火。将面锅在热炉台上再焖1分钟后即可起锅摆盘。这道面食用一点Kalamata 腌橄榄和柠檬汁来佐食口感也是相当好的。

3. 餐馆里最常见的面类品种 pasta

A）"Cavatappi" 这个词就是我们熟悉的通心粉。

B）Scoopy noodles 就是麻花通心粉。

C）比通心粉稍稍长一点点的叫 "Penne"。

D）长得像饺子，里面带馅的叫 "Ravioli"。

E）Fettuccini——比较宽的扁面，最常见的意面面条之一。

F）Linguine——一种较细的很常见的扁面。

G）Spaghetti——一种最常见的细圆面。

H）Angel hair——和 Spaghetti 很像，但要更细一些的圆面条。

以上数种 pasta，面条的做法都可以很简单，几乎是意面里的快餐。最简单的方法就是煮熟后加上点盐、胡椒和奶酪直接就可以吃了，这种吃法大多数小孩子都特别喜欢（小孩去胡椒）。还有一种通用的方法就是将面煮熟后加上自己爱吃的蔬菜，如甜椒、黄瓜、黑橄榄、西红柿等，再盖上一些新鲜的香草如九层塔、薄荷叶、香菜等，最后和盐、胡椒、意面酱以及橄榄油拌匀即可享用。

还有三种酱也是很好的选择，用起来方便、简单。一是红酱——西红柿酱，二是绿酱——九层塔意芹酱，这两种酱直接盖在面上拌匀就行了。三是白酱 alfredo。这些酱是意式面食的看家款式，大多数超市都有卖的，只是分牌子不同而已，当然不同的牌子在口感上还是会差出很多的，相信每人都有自己心仪的品牌吧。

Part 2

最炫目的世界都市

——纽约篇

1.

一碗千呼万唤始出来的汤

　　出游在外，最念的就是一碗热乎乎的汤了。早上因为赶时间没有吃中饭就去看演出。看完大都会歌剧院星期六下午的演出后，感觉饥肠辘辘，出剧院脑子里就是一个念头，找一个有趣的地方，美美地喝上一碗靓汤。

巧了，从林肯中心的大都会歌剧院一出来，便看见正对着的那栋楼的二楼，有一家叫做 Ed's Chowder House 的西餐馆。本来满怀得意，心想运气好到挡不住，想什么就来什么。可再一细看这个名字，心里吓了一跳，ED？纽约人如此开放么？难道开放到连自己的那点隐私都得公而告之？但不管怎样，这总是个 chowder house，那就是说，一定是个能喝上汤的地方。虽然心里有点纳闷，但并不妨碍去到那里享用美食，而且这个名字实在是叫我问号满脑，认为有必要将此事搞搞清楚，于是便决定进去一试。

Ed's Chowder House 里面的装修有一种英式的贵气，白色和深棕色的内部色彩显示出一种安静的雍容华贵，高高的

天花板和实木的窗框，都从容不迫地伫立在那儿，凝视着人世间的喧嚣和浮华。

一位侍者忙里偷闲（主要是还没到繁忙时间），露出难得一见的真诚和笑脸迎上前来。一开始我希望是一个女侍应，因为心里那个困惑我的问题，对于一个陌生的男子实在是有点不好意思问出口的。但鉴于无法挑选，便只好"随意"了。落桌后才发现事实上这个侍应是个很英俊的男生，褐色的头发微微卷曲，褐色的眼睛像琥珀般在灯光映射下闪闪发光，真可谓唇红齿白。一问一答间发现这位美男侍应人也很礼貌，回答问题很有耐心（这在纽约服务业不多见）。言谈间我像是上了一堂有关海鲜汤的专业课，而我正享用的那道俗称"红汤"的西红柿海鲜周打便是来自于这个美男的故乡——葡萄牙。

海鲜周打汤是一道常见的西餐汤，其中又分红汤和白汤。海鲜周打汤可以说是一道极具东部特色的菜肴。最开始，在新英格兰安家的英国早期移民将这款带有浓郁英式风味的佳肴带到了美国。众所周知英国人爱吃土豆和奶味重的食物，于是这道海鲜杂烩里就理所当然地有了土豆、蛤蜊、洋葱、奶油及猪肉（很多时候还是腌咸猪肉），将它们放在一起乱炖便是那著名的白色奶油周打汤。

而另一款比白汤更受欢迎的，则是大名叫作"曼哈顿周打"

的红色周打汤，其实更正确地说应该叫"罗德岛红汤"，是葡萄牙移民对英式奶油汤的改良结果。葡萄牙移民的第一个落脚点便是罗德岛，而用西红柿打底做汤是葡萄牙的烹饪传统。红汤里主要有蛤蜊、猪肉、香草、西红柿以及其他菜蔬等原料。红汤用西红柿做底而弃用味厚腻的奶油，便使得这款红汤更受一众讲究健康的潮人所追捧。另外要强调的是他家的红汤里用的是蟹肉而不是蛤蜊。

最后美男侍应强调说，Ed's Chowder House 最开始就是以烹饪各种周打汤而扬名城中的，后来龙虾卷、龙虾浓汤以及各种烤海鲜都成为了他们的招牌菜。

看着美男侍应的介绍，我内心深处那个令我困惑的问题又重新蠢蠢欲动起来。我终于冒着被人剋的危险小心翼翼地提出了我那貌似愚蠢的问题："为什么叫作'Ed's House'？这个'ED'是…那个'ED'吗？"

侍应先是顿了一下，我以为要遭遇攻击了，谁知他竟大笑了起来，几乎笑得眼泪都要出来了。因自己失态，他笑完后连声对我说对不起。我却是一头雾水地被他笑得莫名其妙，心想这有啥可笑的呢？后来才知道他的笑是胜利的笑，因为

他和另一个年轻侍应打赌赢了，而他赢得的这个胜利却要归功于我的发问。他俩打赌的赌注是两包香烟，而赌题却是这个美男侍应赌我这个东方人一定会问他这个问题，另一个侍应则是赌我不会问这个有关 ED 的问题。我终于露出了英语是第二外语的真相，因为 ED（erectile dysfunction，勃起功能障碍）并不是我暗自以为的那个原因：性无能的缩写。ED 不过是一个很普通的名字，而一般母语为英语的人不太会在意到这个。

美男侍应告诉我，他敢赌我会问，是因为他遇到过的外地来纽约，特别是到 Ed's Chowder House 吃饭的东方人都问同样的问题。我听后只能无语，汗颜。

由于地理位置的优越和英式传统的影响，这个餐厅在旅游者中名声不太好，就是那种无形的傲慢和冷漠，但食物的可口和独特却又成为人们去那里的最大理由。估计我今天被礼遇是因为我是他们的赌题，所以啊，塞翁失马，焉知非福？

作为旅游者去那里，需要小小的宽容心。如果你是一张生脸，那百忙中的侍者就可能因为实在无奈而怠慢你，但如果你能跟一个熟客一起去，则满意而归的概率会很大。

跟·篇·食·谱

海鲜周打汤（红汤）

　　下面附上一道改版自制的"红汤秘方"供喜爱烹饪的达人共享。

　　● **材料**：洋葱半个切碎，红柿子椒半个切碎，大白蘑菇四个切碎，冻海鲜包（杂锦，里面应含有青口肉和蛤蜊肉）半斤切碎，西红柿酱一罐（400毫升左右），蒜肉两颗切碎，意大利混合香料一勺。

　　● **做法**：素油起油锅将洋葱、柿子椒、蘑菇和蒜粒一起入锅炒至出香味，将西红柿酱倒入一起再炒1分钟左右，放入碎海鲜加水煮，煮开后将火关小焖20分钟后关火即可。

　　这是以西红柿为汤底的海鲜周打汤，也有以忌廉为汤底的奶油周打汤。西红柿味的较清淡，适合不食奶制品者。

小贴士：在洗海鲜时最好泡个半小时再洗，防止细沙残留。

在纽约城大战牛排

介绍一个最最实惠、最最经典口味，最有特色的牛扒馆，布鲁克林的 Peter Luger。一句话简而概之，那就是真正吃货们的天堂啊！

一个多世纪以来，食肉动物们已经习惯穿越横跨曼哈顿和布鲁克林的威廉斯堡大桥去布鲁克林品尝 Peter Luger 量大质优的牛排。自 1887 年开馆之时起，牛排馆提供的牛扒的质和量以及原始的烹饪方法几乎没有改变过。对传统精华的保留和沿用是他们值得骄傲的一件事，而超大的分量，口味的纯正使他们的回头客不断增加。他们的纯美国式做派使食肉者们感到回家般的爽快，因为在这里，不管你吃相如何，都不会有人大惊小怪或对你另眼相看，因为大家到那儿只顾得上干一件事，那就是毫无顾忌地甩开腮帮子大快朵颐。

以充满北美风情的西红柿洋葱色拉开盘，一大盘新鲜出炉的，上面沾满野芝麻和果仁的烤面包满满登登地堆在盘子里。他们用一种特制的牛扒酱料来拌色拉和蘸面包，而在吃头盘时，这道虽说是专门用来佐肉扒的酱料却是绝对不能蘸肉的，以免坏了时蔬的清新原味。

至于主打菜，不用思考，不用看单，直接上他家的 Porter House 肉扒 for two，一入口你就会惊艳，第二口这些食肉者就会乘着肉的翅膀直接飞入肉的天堂。食素者小心了，一不留神就可能从此失去贞操，失足落入肉的陷阱。

服务生都是 Peter Luger 的老人，一般都是经年在肉风酱雨里成长的，因此都有着与肉同类项的特征，豪迈，爽烈，与餐厅的味道和环境——那些拙朴的棕褐色板凳桌椅相映成辉。

　　至于酒，就直接上加州红吧。他家的加州红选择多，价钱很合理，当然也有几瓶法国和意大利酒，但在 Peter Luger 最好忘记欧洲，忘记美国以外的任何地方。

　　当你酒足肉饱之时，你就会真心地在心里唱出：真好啊，生活在美国！

　　除了肉扒和加州红以外，还有一些北美经典糙类食物，如薯条、洋葱圈、炸薯饼等，味道也是绝对纯正。

　　最后提点一下，Peter Luger 牛扒馆被最权威的评点机构评为 2012 全美国的十佳牛扒馆之一。

跟·篇·食·谱

极简主义牛扒

● 材料和注意事项:

450 克左右的肉扒先 age 两天——age 的时候最好用富余的冰箱或尽量避免常开冰箱门,因为温度保持在 1 ～ 4 摄氏度之间很重要。用盐和黑胡椒腌一个小时,下锅前将肉的表面用小刀修理一下——有些松的油脂或筋膜可先去掉。因为太瘦的缘故,我不太赞成用西冷扒。最理想的牛肉是纽约扒或纽约 T 形骨扒,此外就是肉眼扒了。肉的大小最好在 450 ～ 550 克之间,按每磅几分钟来定时挺有效的。 一般来说 450 ～ 550 克之间的肉扒你想要六至七分熟的话,那么每一边煎的时间就在 3 ～ 3.5 分钟之间。

建议不要放油,就用肉自身的脂肪来烹饪。锅子就用一般家用的平底锅,但如有表面有条形纹的平底锅那就是最理想的了。不赞成去用锅铲挤肉,那样会使得肉汁流失,口感变干。

● 做法：开大火，等到锅冒热烟时将肉扒放入，一旦入锅就不要去动它，让它待在那个位置烧烤 3（五六成熟）~ 3.5（六七成熟）分钟，3.5 分钟之后翻边，再烧烤 3 ~ 3.5 分钟即可上桌。

牛扒最怕的是过多的烹饪方法和各种精细的汁，那样就会失去肉扒本身的原香，而好的肉扒除了盐和胡椒之外什么都不需要。盐和胡椒的组合已经将肉扒最好的味道调理出来了。

3.

怎样才能点到自己心仪的那款牛扒？

去很多西餐厅吃饭，你都会从菜单上看到"纽约牛排"这道菜（有些地方会用堪萨斯肉扒）。为什么不是其他什么地方而只是纽约呢？相信你已经知道答案了，无他，就是它有特色，好吃。当然一般餐厅的纽约扒是指某一种款式的牛排和烹饪法。

在一般情况下"纽约扒"指的是T形扒，也就是牛背上方的那块带骨肉扒。对于喜欢吃烤得较熟的肉食者来说，也许T形扒不是最好的选择，因为T形扒靠近T骨的那排肉，比较起其他部位来说较难熟。如果你要八九分熟的肉，那么其他部分的肉的口感可能就会偏硬了。

T形扒、菲力扒和等腰扒是牛身上最值钱的肉，其中又以菲力扒为最矜贵。菲力扒就是平时说的小牛肉（小里脊），它的口感精致、细腻，比较适合用锅煎，并且配上自家秘制的酱汁。对于喜欢吃大肉的人来说，porterhouse，等腰扒可能是最佳选择。这个所谓的等腰扒，是T形扒和小肉扒之间的那个部分，可以说是粗细兼顾，口感实诚，是我的最爱。喜欢的理由如下：一、它一般分量较大；二、口感较"彪悍"，有嚼头——一种吃大肉的感觉。而且它一般是用明火烤出来的，且不加酱汁，只是在上桌时加上盐和黑胡椒即可，那一口咬下去，满嘴都是肉最原始的浓香。

去餐厅吃饭最伤脑筋的事就是因为对菜谱不熟，打开菜单，无从下手，尤其在一些标榜品味的餐厅里，更是雪上加霜。为什么呢？因为一般英文也就算了，好歹识几个，可他们更擅长的是用法语。比如说"Tenderlion"，可能很多人都知道是牛扒里的上品肉，可一旦你看到的不是"Tenderlion"而是"Filet Mignon"，估计八个人里有九个会晕。记住了，这个"Filet Mignon"就是你想要的小肉扒。

牛扒的质量主要取决于两个方面：一是Grade等级，在美国一般分为Prime、Choice和Select（加拿大是AAA、AA、A），而等级优势则是靠两个主要指标给出的：一是它们的marbling雪花含量，也就是我们常说的肥牛；二是aging，肉的控水处理。著名的神户牛肉就是以密密麻麻和均匀的雪花网质为食肉者所青睐。

所谓的控水时间就是在牛肉买回来后，要放在温度2～4摄氏度的冰箱里"醒肉"约2～3个星期。"醒肉"的目的是将不需要的水分让它自然地渗出去，以增加肉的味道。

　　一般牛扒餐厅都会提供 aged beef，而肉的等级则一般会明码标出。平时还有些常见的牛扒，如西冷肉扒、肉眼扒以及牛腩扒——Flank Steak。肉眼扒是食肉者中的大众情人，它脂肪多，肉厚实，口感香，适合用各种方法来烹制，烤、烧、煎均可，不会影响口感。而西冷扒则是价廉物美，虽然肉质油稍嫌少，口感略逊色，但却被健康一族奉为至尊。

4.

在 MoMA（现代美术馆）里流连

带上长镜头准备再乘一次 Staten Island Ferry 将 "女神"
拍得更亲近一些。然后上一号线地铁去林肯中心买票，逛逛
里面的 gift shop 之后还是想坐巴士 "进村"，在村里观观光
后就到 MoMA 的免费时段了（周五 16：00 以后）。可从 gift
shop 出来时已经是计划赶不上变化了，此时离 MoMA 的参观时

段只剩一个多小时，显然去村里观光的事今儿又要搁浅。既已如此看来只好随缘了，吃点东西后就慢悠悠往 MoMA 走。

没想到免费这个词有着如此大的魔力，排队等待入场的人竟然排到三个路口之外！路人可能以为我们都疯了，直问这么大队排着是要干吗。

说到 MoMA，当然它的馆藏、建筑本身以及声誉都是名不虚传的，但有些它的现代部分对于我的艺术消化系统来说显得太强大了一点。MoMA 的藏品丰富，重量级的作品也为数极多，有几件可以说是它的镇馆之宝，如那十几幅毕加索，尤其是那幅超大尺寸的 *Les Demoiselles de Avignon*——注意此处的 "Avignon" 是指巴塞罗那的一个地方，以 "满园春色" 和红灯景观闻名而不是法国的那个 "Avignon"。

毕加索的这幅转型期大作加上梵高的《星夜》（*The Starry Night*），莫奈的两幅巨型的《睡莲池》（*The Water-Lily Pond*）以及亨利·卢梭的《沉睡的吉普赛人》构成了纽约现代美术馆的四件镇馆之宝。 尤其令我喜爱的是那一整房间的 Mattisse 包括那幅最爱的 *Red Studio* 和 *Dance I*（蓝色），Mattisse 的作品里那玩乐意味很重的色彩中充满了城市生活的愉悦感。

最近 MoMA 花了 $425000000 重修了门脸和内部空间的表皮，使可展地区增加了几乎 50%，有些空间尤其适用于展出某

些大型作品。最近几年MoMA的当代艺术藏品在不断增加，重点目录包括下列新进艺术家：

马丁·基彭伯格（Martin Kinppenberger）、大卫·瓦纳罗维奇（David Wojnarowicz）、贾斯培·琼斯（Jasper Johns）、卡拉·沃克（Kara Walker）以及尼奥·劳赫（Neo Rauch）。

除了馆里的藏品外，MoMA这栋楼本身也是一件了不起的艺术品。从视觉上来说它的现代感极强，超大型的玻璃窗覆盖了建筑的大部外表，使得里面的藏品可以从许多不同的角度、不同的光照度看到，那种光与艺术品以及建筑之间的有机互动，能激起人们很多不同的感受和联想。

看 museum 有一个诀窍一定要记住，一般来讲著名美术馆都是地方大、藏品多，参观者极易疲劳，易晕菜，所以一定要从最想看的部分看起。一般人逛 museum 最多一天，很少有回头再去的（因为各种原因），所以记住这条很重要。

MoMA 还有另外一个非常销魂的地方那就是它的室外花园——Abby Aldrich Rockefeller 雕塑花园。站在花园可以一览无遗地看穿那巨大玻璃窗后的展厅、展品和室内布置。

当然，还有一个地方可以稍息喘气的就是五楼的 Terrace 5 餐厅，这是名馆内配有名厨的名餐厅。

5.

屋顶上的浪漫——潮餐厅 Terrace 5

在 MoMA 逛，显然比在商场逛要有趣许多，但自然也是很累的。逛累了就找个地方坐一坐，歇息一下后再接再厉。当你想找一个幕间休息室时，坐落在五楼的 Terrace 5 餐厅恐怕是一个最好的选择了。这是一个屋顶花园的餐厅，有室外也有室内。室内所有的家具、餐具以及室内装潢都是极具现

代丹麦风格的新进设计，设计师包括阿诺·雅各布森（Arne Jacobsen）、乔治·杰生（Georg Jensen）以及弗里茨·汉森（Fritz Hansen）。穿过宽大的落地窗可直视下面的雕塑花园，而坐在屋外的露天花园里则可遥望天际线，细细品味曼哈顿的城市风情。

不过记住了，这个餐厅是基本只做午餐的，晚上五点就关了。但是在七、八两月，每个星期四它延迟关门，而且届时在雕塑公园里还会有小型音乐会。

他们家除了单点之外，还有很受欢迎的套餐，一共三道菜，每人28刀，很值，强烈推荐。套餐里有一道红眉豆、胡萝卜汤，用炒香的杏仁片和希腊酸奶来冲合，口感很不错。然后可以再要他家的橄榄油香草煎三文鱼，最后再来一道应时甜点奶油鲜梅。

除了套餐外，如果坐在屋顶花园可以要他的露天picnic套餐，那个是每人32刀，那是一系列小盘菜。

Terrace 5最有名的是他家的甜点和鸡尾酒。鸡尾酒的名字也很有趣，比如说"蓝色毕加索"、"静物玛格丽特"等，与博物馆的氛围很搭调。

胡荽香蒜甜辣汁三文鱼

● 材料：鲑鱼约450克，鲜橘皮一小勺（不要白的部分，orange zest），香菜数根切碎，鲜蒜半瓣，白醋小半碗，泰式甜辣酱小半碗，鱼露两勺，糖两大勺，香菜籽10颗左右（coriander）——去皮碾碎备用，红葱头一颗去皮切碎，生抽小半碗，胡椒、油、盐根据个人喜好各少量。

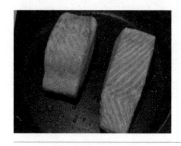

● 做法：鲑鱼可以全部煎熟或两面煎得有点发黄的时候再放进烤箱烤10分钟（用纯铁锅可以放进烤箱的），然后将锅拿出，将做好的汁倒入锅里煮3分钟后，起锅，摆盘搁香菜于上面即可。

汁的做法：起油锅将蒜和葱头炸香，倒入其他材料，一起煮3分钟，可以加少量淀粉（我一般喜欢用藕粉取代淀粉），烧好酱汁搁旁备用。

6.

曼哈顿的红宝石

在曼哈顿牛扒屋可以说数不胜数，譬如说在华尔街附近的 Delmonico's，在戏剧区的 Gallagher's，在中城的 McCormick & Schmick's，随便数几个都很牛。当然还有那大名鼎鼎的 Smith & Wollensky——巴菲特经常光顾的馆子之一。而这家巴菲特青睐的扒屋事实上也是我下面就要重点推荐的

馆子，The Post House 的姐妹餐厅。

The Post House 坐落于帕克街和梅迪逊大街之间，在东63 街上。它面对中央公园，是一家位置优越，环境典雅的去处。这个地方特别适合那些喜欢食红肉，享受优质服务，又懂得品味纽约城原汁原味的一族人士就餐。很多平民与旅游者热爱这个地方，许多城中显贵和明星也喜欢这个地方。有一位网友前两天还晒了一张珍妮佛·洛佩兹与老公刚刚吃完饭在餐厅门口准备上车离去的照片。

餐厅有一张门与旁边充满法式宫廷风格的 Lowell Hotel 相连。这扇连接扒屋和酒店的门是 1920 年的原装货。说到这还不得不花点儿笔墨来描述一下这家酒店。酒店大堂的装饰有着浓重的欧式贵族风情，同时还觉得隐秘低调。怪不得很多公众人物一到纽约就喜欢"隐居"在那儿。最为人知晓的就是英国明星休·格兰特。酒店内部的装饰是以法国宫廷式的金色为基调，而表面又带了一些艺术装饰 Art Deco 的现代意味，这与纽约市的本调很符合。就在这样一家充满法式风情的酒店里，却几乎每个套间都备有非常人间烟火的小厨房。当你在隔壁的牛扒屋酒足饭饱之后，还可以回到房间，用小厨房的设备，烧一壶滚水，用上好的茶叶泡上一壶浓茶慢慢消受。

扒屋的内部令人感觉出一种和谐的阴阳匹配，雌雄同体——绅士俱乐部和巴黎小酒馆的混合体。宽大舒适的皮扶手椅，服务生的风采以及食物的呈现方式均令人与前者挂钩，而木地板、小黑板上的"今日特点"和墙上的半裸体仕女画则无一不洋溢着巴黎风情。

The Post House 的酒单也是很有名的，精选后，仍旧保留相当量的酒类品种。价位从几十到五六百元不等。比较推荐的是加州纳帕山谷的产品，特别是 2003 年的 Cakebread Chardonnay 白酒，这酒的果味很浓，还带着一丝绵绵不绝的香草味，属于落到肚里会开心的那种酒。另外要提一句的是，当然红酒配红肉是经典，但有时不妨叛逆一下，比如说用这款 Cakebread Chardonnay 来配牛扒的感觉也实在是很妙！顺便说一句这瓶酒才 88 刀。

牛扒种类很多，就看你想要哪一款。在这要一份菲力扒是一定不会错的。不管你要几成熟，他们都做得恰到好处。就算不喜欢肉的食客，也可以找到自己的"真爱"——这里做

的石斑鱼扒也很好吃，令很多平时不食鱼者都说是一个在扒屋得到的大惊喜。

特别要提到的一点是，在很多高级繁忙的曼哈顿餐厅里经常会遇到"狗眼看人低"的服务生，因为他们平时就有很多富贵一族的常客，当看到陌生人，尤其是旅游者时，就会发生一些令人不太愉快的插曲。而这家 post house 确实例外，他们的服务生可以说是不光有眼力见儿，速度快，而且还风趣幽默，总在你需要他们时出现。

跟·篇·食·谱

最酷的菲力扒（Filet Mignon）

● 材料：200克左右的嫩肉扒两块，胡椒，盐，鲜蔬菜——小胡萝卜整只，小土豆十来颗，绿生菜叶两片，培根肉（腌过的五花肉片）四片，黄油三勺，意芹两根切碎备用。

● 做法：用培根肉片将菲力扒的边缘裹起来，然后将盐和鲜蘑的胡椒撒到肉扒的两面。将锅烧热，每一个肉扒放一小勺油即可。锅热后将肉扒的侧面下锅，就是裹着培根的那一面，然后不断转圈煎，直到培根变得焦黄。

倒掉培根溢出来的剩油，将肉扒换一个锅，放入黄油后，接着煎。这回煎的是肉扒的两面，每面煎约2～3分钟，直到焦黄。然后将包在外面的培根去掉。

用一个可以烤的金属盘将肉扒放在里面。炉温调至230摄氏度，烤箱加热后，每一面肉扒都烤3分钟，对于一个2英寸左右厚度的肉扒来说，这个过程会给它来一个很给力的七分熟。这时的肉扒里面呈现出浅浅的粉红；如果要更生或更熟一点，就试试以1~1.5分钟为起点来调整。比如说想要很熟的就多加 2 分钟，想要半生不熟的就减去 1.5 分钟。怎样判断肉扒的生熟程度呢，基本上是这样，在起锅前用手指或叉子轻轻触压肉扒的表面，如果肉扒感觉是软的，而且被触之处回弹得很慢者就大概是偏生，两三成熟吧；如果被触之处，感觉是热的，肉面凹陷处回弹明显，那就是大约五六成熟；而七八成熟的肉扒，则是手指的触温明显要偏高，被压处下凹不明显，且回弹迅速；十成熟的肉估计不用我啰唆了。

● 曼德拉酱汁

曼德拉酱汁是一款适合大多数肉类的汁，曼德拉汁的主要调味料是曼德拉酒（Madeira wine）。曼德拉酒的历史可以回溯到 1418 年的葡萄牙。曼德拉酒可分多种，有纯干、甜酒和加烈酒；后来加上盐和胡椒又成就了曼德拉酒的烹饪版本。此处的曼德拉酒可以改为桂花陈或普通甜红酒即可，桂花陈烧出来的味道也超好。

材料：橄榄油一勺，切碎的小红葱头两勺，小半杯 Madeira wine（混合一些甜葡萄酒），半杯牛肉高汤，黄油两勺，一勺面粉，两勺切碎的意芹（parsley），少量煎肉扒时剩下的油，盐和黑胡椒各少许。

做法：将橄榄油和肉扒剩油一起放锅内，大火烧。放入红葱头炒 30 秒左右，加入混好的酒一起炒 30 秒；加入高汤，烧至开锅。加入盐、胡椒调味，等锅内水分蒸发一些后关火至中小，慢慢再收一下。最后将黄油加热混合面粉一起入锅，调匀，这时的汤汁应该变稠。最后起锅前再加一小勺黄油拌入，搅匀，趁热浇在肉扒上，碎意芹在出盘时洒上作点缀。

7.

村里有名的"小家碧玉"——玉兰花蛋糕店

村里有一家名气很大的小店。它的名字都令人内心有一种萌动——玉兰花蛋糕店（Magnolia Bakery）。玉兰花蛋糕店是 1996 年在纽约市著名的格林威治村中心开张的。它的定位是邻家咖啡店，就是一个大家都可以来随时坐坐，喝喝咖啡，

吃吃甜点的地方。这家店另一个大的特色就是所有的点心以及装修都是原汁原味的美式。大多数顾客一踏进店门就有一种时光倒流的感觉，想起了生机勃勃，充满甜蜜的美国黄金时代。

在 2007 年，原老板在仔细斟酌接班人以后退休。现任的蛋糕店是由纽约市的餐厅业咨询专家 Steve Abram 和他的太太，孩子三人共同拥有及经营。并且店铺在他们的经营之下，从原来的一家店发展到了八家。

蛋糕使这家店成为了明星。它现在不光是邻居的咖啡店，而且也成为游人必去拜访的地方。此外电影制作也不放过

它——玉兰花蛋糕店是热播电视连续剧《欲望都市》的景点之一。 去过"玉兰花"的人想必都会对女一号Carrie在剧中一边大嚼纸杯蛋糕，一边与Miranda谈论男人的样子发出会心的微笑吧——仿佛那个蛋糕就是令她坠入情网的男人。

这家蛋糕店的四大招牌口味是：香草、双奶油、巧克力以及摩卡。他家的独家绝密配方蛋糕之一是令人惊艳的"红色天鹅绒"——red velvet。它的配方是来自遥远的南方，里面充满了各种"北佬"叫不出名的香料和植物。在蛋糕的表面是一层又松又厚的香草奶油，而里面则是令人心跳加快的樱桃红，而这种红色的主要原料却是来自于可可豆。我问做蛋糕的师傅，除了可可豆里面还有什么？因为它实在是太艳丽了！蛋糕师傅神秘兮兮地说：不能说，这是属于南方的秘密。看看，一家成名的蛋糕店，连做蛋糕的师傅都快成精了！

他家的另外一个独家配方是"贺鸣鸟蛋糕"（hummingbird），它主要是以各种鲜水果合在一起创造出来的一种既清爽又甜蜜的味道。你的味蕾能尝出的有香蕉、菠萝、小核桃和香草，天知道还有一堆你既尝不出又不知道，但极其可口好吃的东西。没想着再去问，估计这次一定会弄出个"属于北方的秘密"。以上提到的不过是大蛋糕而已，而他家最出名的还是那一个个长的很Q的纸杯小蛋糕。喜欢口味浓郁的就选择Carrie喜欢到恨不得发狂的"双奶油"吧；喜欢清淡的你可以试试他家的香草口味——这算得上是一款浓妆艳抹里的"小清新"，形态可人，口味细腻。

除了各种形态各异、大大小小的蛋糕以外，他们还有各种样子的派（pie）。我个人最心仪的是山胡桃仁太妃派。也算是尝过美食甜点无数了，可他家的山胡桃太妃派实在是令人生起一种偷窃的欲望——盗窃它的配方，将好吃发扬光大，与众同欢。太想知道里面到底有什么秘密了！

玉兰花蛋糕店也做早餐。他们天天早上出炉的马芬糕与他们的蛋糕一样有名，其中最受欢迎的是小红梅味的马芬。新的一天从一家甜品店里开始实在是一个不错的主意，简单的马芬加咖啡是一个最好的开始。它既不是太多，又不油腻，一下胃里就正好落在了那个最想得到抚慰的地方，真正的贴心贴胃。除了早餐，他家还全纽约送餐——听上去很疯狂，可纽约人就是有点疯狂的，如果你正好在酒店里不想出去可又馋他家的蛋糕，你只需拿起电话或点击键盘即可。

跟·篇·食·谱

黄油苹果塔

● 材料：黄油 400 克，燕麦片 200 克，红糖 200 克，杏仁片 200 克，面粉 150 克，肉桂粉 2 勺，苹果（中大型）6 个，去皮核后切条。

●做法：将燕麦片、面粉、杏仁片和红糖混合在烤盘里，将黄油加热溶化后倒入烤盘里和其他几样东西混合搅拌，撒上肉桂粉搅拌均匀后，烘烤 190 摄氏度约 20 分钟即可。在烤好的 apple tart 的表面再加上冰激凌，浇上 butterscotch 即是苹果塔了。

8.

NOBU，纽约城里最漂亮的"混血儿"

有人说 NOBU 是纽约城里最漂亮的"混血儿"，这种说法一点也不为过。他家的食物除了色香味样样夺人眼球以外，还有着一支实力雄厚，财力强大的明星支持队伍。他家的主厨松久信幸（Nobu Matsuhisa）是一位以日本和南美风格混搭而名声卓著的厨房明星，他的管理团队有纽约著名餐饮经纪人德鲁·尼波兰（Deaw Nieporent）、前好莱坞制片人梅尔·特珀（Meir Teper），以及纽约本土两度获得奥斯卡最佳男演员奖的明星、罗伯特·德尼罗（Robert De Niro）。NOBU 的室内设计也是由大名鼎鼎的大卫·洛克威尔（David Rockwell）负责。设计师推崇与大自然和谐相处的理念，尽量使用纯自然材质，比如说，有一整面墙用的是从小河里捞出来的卵石装饰而成，还有用柏树枝干做成的装饰架以及用原木装修的地板。

NOBU 厨师一生命运坎坷。他是日本的寿司吧学徒出身，后来被一个有钱的日本侨民带到了南美开日餐。从那以后他一直在南美和北美之间飘荡，直到他自己的第一家餐厅在阿拉斯加开业。可是不幸得很，他花费了巨大心血的餐厅却意外地在一个晚上毁于一把大火。后来在朋友的帮助下来到洛杉矶的一家日餐馆做寿司师傅。九年后，他终于在比弗利山庄开了自己的餐馆，而就是在那里，他开始了与著名演员罗伯特·德尼罗长久的友谊和后来的商业拍档。在德尼罗的游说下，1994年他们一起在纽约开了第一家著名的NOBU。NOBU的菜色和他的创始人一样充满挑战和传奇。因为厨师的经历和资历，他家的菜系在纽约市虎视眈眈的世界佳肴众雄里杀出一条很绚丽的属于自己的路。NOBU菜系里极具日本传统的风格，在用材上又加上了很多大胆的创新以及在摆盘上对传统的颠覆。NOBU现在在21个国家一共拥有25家店铺，他家有很多非富即贵的客人，也有很多如你我一样的平头百姓。

2004年"阿汤哥"与妮可·基德曼离婚后准备再婚时，他所属的那个科学教为他在教中物色对象，这个对象是一位名叫波狄阿尼的女演员，他俩的第一次约会就是在NOBU纽约。不光是明星喜欢来这里进食，电影制作人也对这个地方情有独钟。NOBU在很多片子里都有出现过，如由罗伯特·德尼罗和莎朗·斯通主演的 Casino，由章子怡主演的《艺妓回忆录》以及 Austin Powers in Goldmember 等。

他家的著名菜肴有"烧鱼排和烤鹅肝"——这种材质完全不搭的二合一，莫名其妙地令人想起"秋水共长天一色，

落霞与孤鹜齐飞"。他家另一道使人销魂的菜肴是神户小牛排。
这道先烤后用汁浇的小牛肉与烤得正好又没有伤到原本风味
的整支秋葵,以及南美小红葱头,粉红的嫩子姜一起相映成辉,
烤蔬菜里的南美小南瓜和智利辣酱也很给力。还有一道堪称

人见人爱，大众杀手的前菜：脆炸椒盐虾天妇罗。在炸好的虾上面再堆上辣辣的柠檬味蛋黄酱，味道浓郁，口感力道十足。

我不是甜点的跟随者，但在 NOBU 一定要试试他家的独家甜品的。NOBU 的厨师用一种最常见的甜点材质却做出了口感最与众不同的甜点，那就是他家的巧克力热蛋糕和冰激凌，以及巧克力酱汁抹吉（日式年糕）花生脆。甜而不肥，细而不腻算是达到制作甜点的最高境界了吧。

NOBU 虽说价位有点高，但物有所值。它所有的一切不会让你失望。如果你去两次纽约，那么你一定要去两次 NOBU。

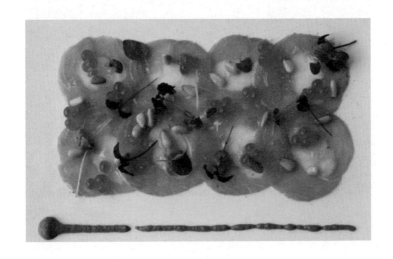

跟 · 篇 · 食 · 谱

5 分钟搞定的熏鲑鱼牛油果潮饭

● 材料：熏鲑鱼 100 克，牛油果一个去皮核后切片，梅子红茶半杯（浓），日式拌饭香料海苔 furikake，生菜叶数片，芝麻、酱油一小勺。

● 做法：这个菜式超级简单，可以前一天晚上预先将饭焖好，讲究的话把饭做成寿司饭——放米醋和一点点糖后拌匀。然后将其他作料按自己喜好往饭上面码就是。

9.

在布鲁克林植物园追逐莫奈

今天一早就奔布鲁克林的 botanical garden 去了。结果
乘错地铁从一个陌生的车站出来，然后又问了问路才搭巴士
辗转到那里。在这只得再次重申纽约人对于问路的菜鸟真的
很 nice，very nice，而且这种 nice 与肤色是黑是白毫无关系。
尤其在布鲁克林，当你张嘴问时，一般都会有好几个人同时
为你指路。

　　植物园占地五英亩左右，非常漂亮——即使在叶子还没有红，也不是花开的季节。一般来说当阳光灿烂时园子总是显得更有精神。今天是多云间晴的日子，天上的云走得又快又勤，这样就使得花园的色彩变幻显得更有意思了。

　　公园有三个大温室，一个是四季常青园，一个是热带雨林园，还有就是长满各种仙人掌的沙漠植物园（此外还有一个盆景室），在温室的前面庭院里有两个 size 不小，呈长方形的睡莲池，池子里养着锦鲤、睡莲以及很罕见的几只乌龟。第一次见到乌龟在池塘里成双成对地悠闲嬉戏，有点儿意外的惊喜。乌龟好像很有眼力见儿，一抬头看见有人在窥视它，便立马害羞地那么一低头温柔地闪了。如果碰到如今天这般云彩跑得很勤的天气，在池塘边还有另一种有趣的游戏可玩。拿上相机在水边与水里的花儿、云儿捉捉迷藏：选一个有莲花又能避开水中树影的较开阔的水面，等云彩飘过来，正好衬托到睡莲底下的时候抓拍一些照片，制造自己的"莫奈"。照片可以拍得很好看，朵朵睡莲漂浮在游动的白云间，光、影、水、花混在一起斑驳着，移动着，非常美丽，令人神往。

　　从植物园回到曼哈顿正是夕阳西下之时，便心中生出一个要去哪看日落的念头。今天不想赶时间，只想很悠闲地在自然景色中耗一天，然后晚上去 the Met Opera House 看奥芬巴哈的三幕歌剧 *Les Contes d Hoffmann*。

　　在地图上观察了一会儿，发现从七十二街一直往西走便可到 Hudson River 的河边了。一直觉得那个地方是纽约市一个很有情调的地方，相对也是闹中取静的一方洞天，于是乘地铁一直到七十二街，上去后直奔西边，走了不到三个街口就来到了 River Bank Park。Park 外边有一个很有趣的老妇人的雕像——没弄清楚是谁以及来由，也许可以是很有趣的一段往事。

　　Park 周围大多是住在附近的人们在跑步，遛狗。四周绿树成荫，挺适合散步的一个地方。一边沿着河边走一边看着夕阳西斜，然后慢慢落入河里，非常惬意和放松。

　　晚上的 opera show 有点儿出人意外。一般来说大都会歌剧院是比较保守、比较中规中矩的，可这场秀（Les Contes d' Hoffmann）的舞台设计和服化道处理却很大胆，很直接，出人意料地露骨，露肉。一开场就很夺人眼球，让人误以为来到了某妓院，或是钢管舞吧，满台赤裸的女人穿着真正的比基尼和乳尖贴，站在台上卖弄风情。尤其是第三场一开幕时的场景真正令人眼眶发热，鼻打喷嚏，伴随着那段奥芬巴哈著名的女声合唱一起出场的是满地打滚的赤裸男女，用慢动作在台上模仿做爱。这样的舞台设计确实是令人吃惊！一般来说歌剧里的这种场景都是用一种很含蓄的手段来表现的，而眼前的大胆和色情不禁令我大大地期待他们创作的 *La Traviata*，看看正宗法国名妓的香闺是什么样子，嘿嘿。看来现在的古典世界也慢慢开始变天了，有趣。

 小贴士: 布鲁克林的 botanical garden 每周二上午是免费的。

跟·篇·食·谱

鲜桃李焖鸭腿——西班牙经典菜（改良版）

● 材料：鸭腿2只，葡萄籽油60毫升，红布李2个，大白桃2个（均去皮核）切成瓣，新鲜迷迭香和鼠尾草各一小把，白兰地60毫升（日本清酒也可），粗粒海盐和现磨黑胡椒，picada酱5～6勺。

这菜主要是酱要做好。

● Picada酱的做法：干尖红椒或干圆红椒（Choricero Pepper）四只，榛子仁一把烘香（杏仁片也行），蒜头数瓣切片，意芹的叶子一把切碎，海盐一勺，先将干椒炸香，然后放入果仁，出香味后炒几分钟将其余的料加进去，关小火慢慢炒一会儿，然后再将它们捣碎成小颗粒即可。

●做法：先将鸭腿用叉子戳几个小洞，将海盐和鲜胡椒颗粒抹上，在烤盘里放上少许油，放烤箱里烤 30 分钟（230 摄氏度），烤好后一直焖在烤箱内，等它变凉。

将鼠尾草和迷迭香搁在较深的平底锅锅底，放少许油，将鸭腿放锅里，将切好瓣的桃李见空放进去——可在桃李的表面抹一些鲜柠檬汁，一是保鲜，二是增味。然后将烤时渗出的鸭汤浇一些在上面，浇上白兰地和做好的 Picada 酱，盖上锅盖大火焖烧 30 分钟，然后关小火再烧 15 分钟左右即可。

不吃辣的可以将干辣椒换成鲜的红柿子椒。

10.

纽约市最潮的意大利餐厅

意大利餐和法餐是西餐里最主要的两大流派，很多现代流行西餐的风格都是在这两种流派的基础上产生的。坐落在第十大道上的 Del Posto 是许多纽约本地人以及去纽约公干或游玩的外地人会以去那里晚餐为荣的餐厅之一。

这家餐厅的综合气质体现了意大利餐在纽约发展壮大的一部简史。三个主厨，个个大名鼎鼎，莉迪亚·巴斯提亚尼（Lidia Bastianich），代表了经典传统的各种意大利风格。乔·巴斯提亚尼许（Joe Bastianich），演绎着传统与摩登的巧妙交叉。
而马里奥·巴塔利（Mario
Batali），则是扮演着大
胆颠覆传统的角色。他从
师于伦敦名厨马可·皮
耶·怀特（Marco Pierre
White）以及在意大利北

部三年的美食工作经验给他的烹饪打下了一个扎实的基础，此
外他还获得过一众美国最大牌的奖项，如美国权威机构James
Beard Foundation 颁发的 "Best Chef: New York City"，以
及 "Outstanding Chef of the Year" 等奖项。

　　现在回到餐桌和餐单上。去意大利餐厅有时会觉得很失
落，因为那满版的意大利文菜单。要说意餐的常用字这个概
念也是太多太大了，我去过无数家意式餐厅，但餐单从来没
有完全看明白过，因为他们用的方式方法既与季节有关，又
与他们本身来自哪里有关，还与时尚用法有关，所以这里只
对他们一家的餐单进行讲解。

　　意大利餐一般按前菜（antipasti）、第一道菜（primi）、
第二道菜（secondi，主菜）和奶酪或甜点（formaggio e
dolci）来划分。意大利人不是很喜欢在晚餐后享用正经的甜点，
他们更倾向于饮点带甜味的餐后酒再来点佐酒的奶酪，最后

可有可无地来一口甜食。"formaggio"是奶酪而"dolci"是甜点。另外当你看到菜单的上面有"primavera"这样的字时，这意味着是季节菜单。Primavera在很多罗马语系的语言里都代表春天。比如说维瓦尔第的"四季"协奏曲里，就是用"La Primavera"来表达春季的。

他家的 $39/人的套餐很不错，物超所值，非常受欢迎。同时也备有 $115/人和 $145/人的五道菜和七道菜的套餐，这主要是看你的肚量有多大。

另外我认为最值得推荐的几道菜包括前菜里的 Lobster Fra Diavolo。Fra Diavolo 是指以西红柿为基础的带辣味的酱

汁，你会经常在意式餐馆
里看到它。这道菜的劲道
很足，配盘的奶酪冻味道
也很饱满。还有就是他家
的海鲜煲 cacciucco，尤
其值得称道的是里面的
甜虾，肉质细嫩，口感充
足，汁很细腻。许多餐厅
在意大利本土都是用的带
壳虾，但味道却是不及
去壳的甜虾来得实在。
还有一道有趣的菜叫作

"Garganelli Verdi"，其实就是绿色的菠菜味通心粉。对于
大多数想吃点主食垫垫肚的国人来说，点一道面食也许是个
不错的选择。The cotechino 是一道经典的意大利传统美食。
它其实就是意式的火腿熟肉与眉豆煮的一道肉菜。这是意大
利人的一道传统菜，据说是能给人带来好运的菜，所以大家
都在新年或圣诞的前夜吃，就像我们的年夜饭，所以喜食肉
者不妨试试。

跟·篇·食·谱

墨鱼汁蝴蝶面片

● 材料：意大利面片 500 克——意大利擀面片有很多种，最常见的有方形、螺旋形、蝴蝶形和菱形，墨鱼汁酱小半杯，新鲜青口 12 个，大个虾仁一小碗，意芹两根切碎备用。

● 做法：这是最简单的一道意面大餐了，最好用那种下面是煮锅上面是蒸笼的锅来煮面，下面水开即将面放入，搅拌至不粘（外面的一层熟了），等煮面的水再次煮开时将放有青口的蒸笼放上去蒸 3 ~ 5 分钟——见到青口开了就可以端下了。青口在煮之前用 white wine 浸着，连盆带酒一起蒸。面熟以后捞起放盘，用墨鱼汁直接将面拌匀为止。最后在上面浇上青口和虾仁、意芹即可上桌。

墨鱼汁拌面或拌饭在欧洲的饭馆里很常见，味道也非常适合亚洲人的口味——鲜咸，就是要注意别放太多，因为它的口感确实是够重够咸。

Part 3

田园风情
——加拿大篇

1.

悠游落基山之一 ——小家碧玉之卑诗

从一号公路一直往东，从菲沙乡的兰利，阿伯茨福德，越过以拍摄《第一滴血》而著名的希望镇，进入去往落基山的第一个小山群，这个不是很高但宽度超过两百公里的区域倒是山清水秀。在美丽镇吃完午饭后便往南向基洛纳轧去。一旦开始向南，湖水便明显增多，大小不一的 U 形湖面大多为冰川变化留下的遗迹。在经过多色湖时，看上去一片碧绿。

因为今天阴天，湖水不像在阳光灿烂的日子那么风情万种，色彩诡异多变。沿途看见或奶牛几只，懒洋洋地侧卧在草地上，期盼阳光雨露的宠幸；或瘦马几匹，形销骨立地在西风中静静地立着，偶尔甩一下尾巴以显示是一活物。心里纳闷为什么这些貌似是以畜牧业糊口的产业看上去都像在玩，而不是做产业，从没见过天地苍茫，风吹草低见牛羊的壮观场景，后来知道了原来其中自有奥秘。事实上他们（牧民）就是在玩，而那个英文词汇翻成汉语就是"闲暇牧业"——hobby farm。再说白一点就是闲来无事养几只牲畜玩玩。而豢养的真正目的却是为了避税。如果一个人家里拥有那么大片土地却又荒在那里，那么地税就得全缴，而一旦养了几只牲口，那么除了能供奶、看家之外还能为少缴税做点贡献。于是"闲暇牧业"成为省里一景。

2.

悠游落基山之二——在北角山之巅观二湖

在经过了无数横跨脑际的"动物桥"之后，终于从卑诗省跨入阿尔伯塔省。一入阿省立马感到植被有了变化，从颜色、形状以及耕种排列上均看出不同。

第一站就直接拜访刘易斯湖。天气真是百变无常，刚刚一分钟前还是阳光灿烂，顷刻便狂风大作，一时间风夹着山

顶上的积雪纷纷扬扬从天而降，与阳光在清冷碧洗的天空交错穿行，百般缠绵，而温度却在一瞬间降了好几度，令人备感萧瑟。

过了一会儿，又毫无预示地变得风和日丽，极似仲春时分。更教人感到虚幻的是鲜花还灿烂无涯地盛开着，散发出春天的芳香。

城堡酒店就像一件戴皇冠的衣裳，它庄严、典雅地罩在

了刘易斯湖的身上，使得湖有了皇家气派，若从本质来比美，梦莲湖和刘易斯湖实在是难分伯仲，不同的只是后者被选入宫了，而前者却只是在民间平常地美着，就像空谷中的幽兰，自幽自香。虽然一个是由于有矿物质的粉末在其中作秀而使得湖水

碧绿如洗，而另一个是由于身为高山湖的原因，终生晶蓝，但人们还是将它们按皇家贵妇和寻常美女来分别论断。顺便提一句，梦莲湖曾一度成为1976年版加币20元钱币的背景。平民的势力与日俱增，大有与皇家贵族分庭抗礼之态。

刘易斯城堡酒店的大门，使人想起威士拿，充满瑞士风情，而它的后院则令人缅怀教科书上的英式园林。在不经意间错落有致，被精心呵护的花坛里万紫千红，白茫茫，紫纷纷的一片与它身后刘易斯湖的一片蓝绿层层叠叠，交相辉映，竟也在娇娇媚媚间显得气势磅礴。远处高山顶的一层层白雪，远近高低地白着，灰着，氤着，像一道坚硬的屏障，以万夫莫开之势维护着淑女的优雅和尊严。

如果你对刘易斯湖情有独钟，也可考虑去北角山乘坐登山缆车，去到山顶遥望美人，尽情遐想，并享受距离所带来的美感。如果天气好，尽量选那种开放型的缆车，不要将自己关在"笼子"里。那样当缆车载着你缓缓升空时，你便有了真真切切拥抱天空和万物美景融为一体的感觉。

在你乘坐登山缆车的二十来分钟里，眼睛将会是你最最忙碌的器官。你的眼睛会企图抓住能抓住的一切，那片片的层林，远处积雪的山峦，山坡上的野花，以及随时可能从野花和灌木丛中钻出来，与高高在上的你打招呼的灰熊，因为缆车之下的那片土地就是灰熊们的栖息地。

当你登上北角山之巅，却也没有一览众山小的感觉，反之，你感到一种与众山神们平起平坐的平等感，而没有当你在山脚下仰望大山的那种压抑。所有的远山都与你的视线齐平，你能听到群山间的窃窃私语，也可以随性地大吼几声参与他们的对话。在高山之巅的山坡上，开满了五颜六色的野花，那等纤细，那等娇媚实在令人惊艳。

毋庸置疑，这是一个绝佳的风景照片拍摄地点。事实上，只需要有一点基本的技巧，基本的设备配置，谁都可以拍出风景挂历上的样片来。有一个两百米的长焦，就可以把远处看上去像蓝宝石似的刘易斯湖拍成一杯蓝色鸡尾酒，那种通

过镜头将美人拉至眼前的感觉就像掀开别人家的窗帘，一观里面的景色，充满了偷窥的刺激感。

俯下身去，尽可能接近大地，躲到野花们的身后，透过那五彩缤纷，将镜头从花儿们的缝隙里伸出，去拍风景、雪山和湖，又别是一番滋味。

透过野花将湖拉进镜头里，尝试将焦点聚在中间、后部以及前部，照片便以不同的聚焦度出现在你面前，尽可能地满足着你感官的各种需求。

从山顶往下走几十米，便是野生动物博物馆，在博物馆的外面有几个很好的远距离拍摄刘易斯湖的地点，那种略略居下的感觉也很有韵味，非同一般。

在基洛纳的一家西班牙餐馆，朋友请客吃了老板娘碧娜的拿手好菜烤鸭。这个烤鸭是和一堆香料以及香叶等数种调料合烤而成的，与我们习惯的北京烤鸭那种甜甜香脆的风味完全不同，取而代之的是鲜香和鲜咸，各种混合香料味道浓郁，带了点我们西域风情，味道非常独特。回来后用别的方法试做，发现用松树叶加香料味道也相当不错，也可以用竹叶取代，均带原始的自然香味。

极品混搭——松枝茶香烤鸭

　　这只烤鸭（也可以用鸭脯肉）可以说是从原料选择到烘焙方式都是混搭的案例教材。选用松树枝叶来给鸭子去腥添香是较少见的创意。松枝和茶叶一起熏出来的鸭子口感独特，香味清澈。虽然做菜耗时很长，但事实上操作过程却很简单。

　　● **食材**：花椒、盐各半碗，鸭子一只，面粉、糙米、红糖、茶叶（建议用红茶）各半碗，丁香、八角、青花椒、小茴香各一小勺，鲜松树叶一碗，啤酒一罐，鲜苹果皮一碗，切成寸段。

　　● **做法**：将盐和花椒炒香冷却。用啤酒将鸭子抹一遍放在容器内，并将剩余酒倒入，腌半小时左右，其中翻一两次边。然后用炒好的花椒和盐抹遍全鸭身——别忘了里面，用塑袋封好搁冰箱里腌一个晚上。

　　用锡箔纸将烤盘垫底，并将其余的各调料混合一起放入烤盘，尽量靠中间。在调料上方放一个铁支架，然后将腌好的鸭子直接搁支架上。用宽的锡箔纸将整个烤盘密封起来，接缝处尤其要关牢——不然就烤煳了。将烤箱调到 220 摄氏度，烤 2 小时，然后调低至 200 摄氏度再烤 1 小时即可。停火后让它在烤箱里待 30 分钟，等鼓胀起来的锡箔纸包自己慢慢瘪下去，打开食用。

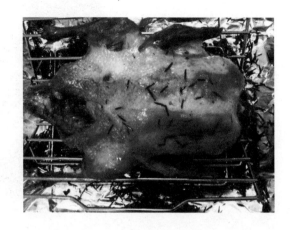

小贴士：这道菜最主要的是制造那个"手工烟熏器"。密封它非常重要，用大号的锡箔纸互相重叠并包边，确认不会透风。

第二就是烤的时间，这是一道慢火菜，一定要烤到3小时口感才好。

那些烤鸭用的调料除了给鸭味道外还有一个重要功能就是吸油。烤好将烤盘打开后，支架下基本一片油黑糊，连锡纸一起扔掉即可。

配酒
建议

　　鸭子肉质虽不如鸡肉细腻，但质感却更好、更劲道，嚼起来很有味，而且留在口中的时间较长，能让你的味蕾更好地去体味食物的本质原味。梅洛红酒（Merlot）的细腻绵长与鸭肉的质感很登对，属于互补型。鸭肉是属于对水果"敏感"的肉类，比如说中国的烤鸭讲究用果木烘烤也是一种遵循鸭肉本质的用法。大多数用现代酿造法酿造的梅洛酒具有黑莓、黑李子和黑樱桃的果感，应该是不错的选择。喜欢波尔多传统酿造法，带更多的红果口感，如草莓等，如此可以根据自己的喜好另选。我认为传统波尔多梅洛与海鲜搭配更好。

3.

串门多伦多—— CN 塔上的诡异景象

这回上多伦多串门来了，朋友们至少好几年不见了。原来他们回大陆要在温哥华转机，可现在直航了便少了些见面的机会。说穿了大家都忙，唯有我这个大闲人无所事事，所以只能将就他们的时间。有一哥们本来可以退休了，但前两年经济不好亏了一些，就想着要把亏损给捞回来后再言退休之事。

本身这回来串门并不想给大家找麻烦，况且我的主要行程是去纽约，于是临走前电邮里给各位吆喝了一声。

多伦多也是久违多年，只是在当初准备上学时去了一趟约克大学探路，之后便满世界地游却忽略了"国内"的风景和人情，想想也不该，所以这也算一个成行的理由吧。

朋友们（他们并不互相认识）众口同声地认定多伦多只有两处景观可看，一是 CN 塔，二是尼加拉大瀑布。于是在第一时间里朋友就请我上了 CN 塔，在上面的旋转餐厅吃了一顿饭。吃饭那天很幸运，因为逮到了一个十分难见的景致，而这是可遇不可求的。我朋友说上塔已经上过无数回了也从没遇到过如此这般美景。我开玩笑说那是因为你平时上塔是当"三陪",而这回目的纯洁是为朋友,所以上帝才赐此美景给你。那天窗外的景致诡异是因为云层的突然变化,于是地平线上竟有了一幅与电影《星球大战》十分神似的画面,且这个画面持续了很长的时间。在色彩形状均呈诡异的城市之间,一栋栋大楼如纸糊的小模型块,在迎面而来如舞台射灯般强烈的夕阳照射下,从乌云中撕开了一道锐利的口子朝你倾泻而来。眼前是一派云蒸霞蔚的壮观和美丽。当一道现实生活中的美景太过于美丽,它就变得像假的一样了。为什么说我们幸运,因为在美景呈现之时我们的台子正好转到了一个几乎最完美的角度来观赏它。

　　我们的晚餐是从六点多一点开始的，后来一直延续至九点多完全天黑，所以 CN 塔上的美景来了个日夜兼顾。吃完饭朋友带我去了那个 CN 塔上最有名的透明玻璃处尝试了一下"凌空透视"的感觉，我的妈呀，膝盖真正地发了一下软，当然是不能说出来的，不然实在太乌龙、太不淑女了一点，只是赶快将头抬起来，就像很多电影拍摄凌空抓壁的镜头一样，其中的一个角色总会鼓励另一个说：别看下面，抬头朝前看！

　　我不能 skip the food，主菜吃的是烤 black cod，味道不错（average 的不错），甜点的巧克力 mosse 蛋糕还真好吃，我是说好吃不腻，味道足，糖分却控制在了一定范围内。我发现品尝甜点可以看出一般餐厅与较好餐厅之间的差别：一般点的餐厅甜点偏甜，而较好的餐厅甜点吃完感觉不腻。

从塔里下来朋友又带我转了一趟 Dundas Square，说这是多伦多比较热闹的地方，他们照着纽约 copy 了一个时代广场，一看就是在 Dundas 和 Young 街之间的街面上立了几块巨型的 screen，倒也没有纽约时代广场的那种疯狂和悸动不安。

第二天临走前吃的 lunch 记忆深刻，那是一家以日式食物为主打的混搭餐厅，有一款类似 yakitori 的烤鸡肉，是一口一个的鸡肉卷，外面包着新鲜紫苏叶，调味酱里有好几种鲜梅、草莓、小红莓、黑莓等。回家后重新调整了一下材料加入了话梅粉，使它的味道更浓，也与各种甜中和一下。

跟·篇·食·谱

话梅粉草莓紫苏烤鸡肉

● 材料：去皮骨鸡胸肉一块（整块），盐、胡椒适量，话梅粉，鲜草莓4个，鲜紫苏一把，蜂蜜两大勺（加水和藕粉调成稠状），橄榄油小半碗。

●酱料：将除紫苏以外所有的调料倒入搅拌机搅得越细匀越好，搁置一边待用。

● 做法：先将鸡肉烤熟，最好用明火的BBQ炉，外皮有点焦脆的那种。切片摆盘，往上浇酱汁，紫苏搁一旁随时可卷肉块吃。盘子可用各种颜色的鲜草莓或葱类点缀。

这是一道几乎零失败，易做好吃的菜，而且男女通吃，老少咸宜。唯一的技术点是鸡肉既要完全烤熟又不能烤得太老，要不肉就太柴了。

4.
多伦多的"情调哥"——Yorkville

提起 Yorkville 先让自己大吃一惊的是居然没找到它的照片！莫非发生芯片莫名错乱一类的不可解之现象？但是即便如此我想也不应该影响到我来说说它这件事，只是对于没有去过的朋友来说稍有遗憾，毕竟图文并茂还是更好一些。

开始发现这个地方说来好玩，是在飞机上旁听来的，后来又在网上介绍多伦多的页面查了查，就更坚定了要去看看的心思。去之前只知道 Yorkville 是多伦多一个较好的区，比较时尚。一般来说当一个规模相对大、相对时尚，但又不够巨大、不够顶尖时尚的城市，当其位置又紧邻纽约、巴黎或伦敦这类世界时尚之都的时候，这个城市很容易陷入一种有点尴尬的境地，与其近邻的纽约市来比，多伦多多少有点"时尚郊区"的意思（请多伦多的公民们别拍砖）。但没有关系，咱不能往大里做，咱就往小而精的方向努力。其实大多数加拿大城市都是如此，因为我们的友好芳邻 America 的人气、霸气都太足了一点，使得我们加拿大人民只有拿资源和自然风

景来跟它说事。

Yorkville 其实不大，基本就是那么短短的两条街，可这里确实是非常有品位，使人感觉很悠闲、很安逸的地方，同时它也不缺乏时尚感。它的街区构筑与温哥华的 Robson 街、LA 的 Rodeo Dr 以及巴黎大运河旁的那些小店小区有点类似，非常鲜活，生活味很浓，像一位出身教养均良好的小家碧玉。Yorkville 的建筑都是一两层楼的那种类似 trendy townhouse 的房子，看上去舒适，时尚，饶有趣味，大多有着又长又宽的落地玻璃墙，橱窗的摆设也是含蓄有韵味，没有大都市的那种狂乱和夸张。

在 IL POSTO 的意大利餐馆吃 lunch，往我座位的左右看去，那些在此吃午饭的人们外表看上去不是像杂志的 editor 就是

像某公司的执行经理、行政总裁这一类人物。恰好坐在我隔壁的一位中年女士在吃饭时接了两个电话，从她的电话交谈中可以从某种程度上证实我的猜测，她听上去像一位家居或 interior design 之类杂志的编辑。我猜想她会不会是 *Style at Home* 或 *Homes & Gardens* 杂志的编辑呢，我可是这两本杂志的铁杆粉丝啊!

　　IL POSTO 里面有一款 Tuna and Arugula 的色拉特别好吃。它是用一种类似芝麻酱的调料浇的汁。这个 Arugula 是在意大利旅行时在一家很小的 cafe 里尝过的一道菜，回到温哥华就满地找它，其实并不难找，只是因为平时不知道也就没注意过，在稍稍好一点的超市或 market 都有卖的。它的口感有点儿苦，但后面清香味十足，与圣女果一起浇点橄榄油就很可口了!

　　从餐馆出来沿着一条好像叫 Lanrence 的小街一直往北走，一路经过多伦多大学校园的一部分以及和它临近的 neighborhood，一路看正在渐渐变色的树叶和那些世纪初造的用红砖垒砌的房子。这一带大多是 house or townhouse，apartment 鲜有看见。顺着午后这个非常惬意的 walk 一直来到 The Annex 的中心地带，坐在那儿看一些艺人表演，阳光照在脸上非常舒适，几乎昏昏欲睡。后来想如果我住在多市就会经常来这里 killing time 的。

味
觉
森
林
——
世
界
名
食
在
家
DIY

跟·篇·食·谱

Tuna Confit 金枪鱼色拉茶叶蛋

● 材料： 金枪鱼肚脯肉（Toro）
500 克，有机混合蔬菜 200 克，日式大酱
料两勺，海苔粉一小勺，黄豆芝麻瓜子仁
混合一勺（炒熟炒香），茶叶鸡蛋煮半熟多
一点去壳，橄榄油两勺，黑醋一勺。

● 做法： 将鱼肉用稀释后
的日式大酱腌一下，用锡箔纸包
严实了放到烤箱里烤 10 分钟。
烤箱温度设置为 150 摄氏度。将
鸡蛋放在有茶叶和盐的水里煮至七分熟（黄是软的）剥壳备用。
将橄榄油、黑醋和海苔粉混匀浇于蔬菜上。然后依次放上鱼
肉和鸡蛋。最后撒上黄豆芝麻瓜子仁在盘边点缀。这道菜易做，
好吃，健康，是招待客人午餐的极好选择。

小贴士：如果没有金枪鱼，熏三文鱼也是一个很好的替代，
而且颜色比金枪鱼更加艳丽好看，口感也不逊色。

5.
尼亚加拉大瀑布深处的品酒之旅

今天在 Toronto Tour(公司名) book 了一个 Niagara Fall 的一日游。后来发觉这个 tour 设计得非常好，好得有点出乎意料。首先 everything 都非常准时，其次导游是个有点娘娘腔的半大老头，虽然开始一见其人不太喜欢，后来发现他其实非常称职，非常随和。

导游叫 Tom 是本地人，在多伦多待了一辈子，因而对多伦多本地的风土人情以及加拿大这个国家的许多事物都了解颇深。一

路上听他讲故事，几乎等于重温了一遍加拿大的历史，而且还赋予了历史许多精彩绝伦的花边传闻。我要特地为 Toronto Tour 公司再做一下免费广告：如有想去大瀑布一日游的请与 Toronto Tour 联系。我是通过 the flight center 跟他们联系的。这个一天的 tour 安排非常紧凑，内容翔实并无什么虚头巴脑的东西。

　　一早从 Fairmont Royal York Hotel 出发，团里一共就十几个人，车子是一辆旅游中巴。中巴沿着海岸大道一直往西南进发，一路上经过的多伦多地标建筑或具有历史意义的地方，导游都给以详细的、风趣幽默的讲解，感觉旅行社又送了个免费的多伦多市半日游。目的地的第一站就直奔大瀑布脚下而去，在午饭前我们去享用了 "Maid of the Mist" 的大瀑布冲浪。在登记这个短途游的时候我一再对旅行社强调我主要想去的就是这个 "大瀑布下的冲浪船"，因为上次来多伦多由于天气的原因虽去了大瀑布却没能上成船去瀑布底下 "冲浪"，所以这次我是铁了心必须要搞定。幸运的是最后通过这个旅行社的安排和导游的努力，我得到的比预想中的还要多得多。

"Maid of the Mist" 最刺激的部分就是当船即将进入大瀑布 "盆口" 之时的那十几秒钟，因为那时几乎满世界都是

滔天巨浪，满身都是水，到处是水拍物件的沙沙声。一不留神相机的镜头已满是水珠，全数湿尽！而一旦进入那个"盆口"之后，竟马上风平浪静。这时又使我想起那句著名的广告词："In the middle of the storm, I am still." 现在水涛拍岸的喧哗声变成了哗哗哗飞瀑直下的大合唱，听上去雄伟稳健，气势磅礴。听着大合唱，看着两岸峭壁上滚滚而下的万丈飞瀑，心里竟是非常的平静，几乎有了禅定的感觉。

奇怪，此时不想禅定，于是我把思想转向了一个问题，那就是如果人从崖上跳下来存活的概率有多大。据说（导游之语）有一个婴儿曾经从上面漂流而下竟奇迹般地生还，据称当年的那个婴儿现在仍在人世。另外就是几年前有一个穿着救生服的漂流者从上面跳下也存活了下来，还申报了吉尼斯纪录。据说加国政府要罚他 17000 加元，后来当事者与政府协商后草草交了些钱了事（估计加拿大政府认为想尝试此事的人不会太多，所以就不计较了）。当然最著名的"跳瀑者"应该是影星哈里森·福特（Harrison Ford）了。他在影片 *The Fugitive* 里面走投无路时的飞身一跳想必刺激了许

多神经正常或不正常的人，因而导致了在冲动的那一刻就想到要效仿英雄，像哈里森·福特般一跳成名。

上岸后自由活动了将近一小时，于是便狂奔于大瀑布的两端寻找最佳拍照角度。后来去了一个位于观景台的餐厅午餐。午餐是三道菜的正餐，

要了煎三文鱼和餐厅的推荐白酒（white wine）——当然酒是要自费的。很快将食物塞进肚子后便独自外出"谋杀菲林"去了。大瀑布水天一色，在没有阳光的时候白茫茫、灰蒙蒙一片，而一旦阳光刺出云层，它就有了光彩和生命。彩虹时隐时现，同时出现两条彩虹的机会也很大。

离开大瀑布后去了 Town of Niagara，这是一个非常整洁、干净的小镇。街两旁的房子五颜六色，形状各异，有众多的小型美术馆出售当地艺术家的作品，这些小店布置都很精致，但

看上去生意都不太好，于是我与另一个澳洲来的女游伴 Christine 嘀咕：他们这么做怎么可能 make living 呢？

本次一日游的最后一站便是去一家著名的，据酒校的人说是全北美唯一的酿酒学院品酒。这是一家为全世界培养酒制造业人才的学校，学校拥有大片大片的葡萄

园，品酒中心外就是一望无际的葡萄园，绿色藤架在阳光斜照下非常迷人。这里的学员会进行为期一年的理论学习，之后便会去遍布北美包括欧洲的各个酿酒的酒庄实习。听上去我都有点心动，没准哪天头一热就去那里混两年。

我们一众人共品了三种酒：白色的 Resling，红的 Melor，以及 2008 年的 Cabernet Franc 冰酒。说实话前两种酒给我的感觉是在糊弄人，也许都是学员们酿酒酿出的"败笔"免费给像我们这样的游客品了。而他们出品的 2008 Cabernet Franc 冰酒却真正令人有惊艳感。那是一种层次很多，甜味很清很纯又不腻的冰酒。在酒的说明上诠释此酒有草莓、果酱以及蜂蜜的味道，在说明的口感之上，我倒是还品出了一些很浓的类似焦糖、太妃糖的奶油味，真是非常的好喝。375毫升的冰酒售价 \$55。

后来我们又去酒架上看，发现有一种白冰酒我们并未有机会品尝，于是便问工作人员是否也能给我们一些试喝，他们给了我们一人一小口，不试则已，一试完，我和 Christine 四目相对，两人一言不发，上架各抓了一瓶。这两瓶冰酒，还没等到回温哥华，就在多伦多的那最后几天里遭了"毒手"。一边在电脑上看电影，一边喝着冰酒，最好再来一块 cookie，对了，就一块，要不就太多了！

椒盐香炒五谷焖醉虾

● **材料**：活虾1千克，五谷杂粮500克，粗海盐两勺，黑胡椒两勺，烤牛排用混合干香料两大勺。

● **做法**：把活虾用黄酒或白酒泡2小时——时间可以更长，有在冰箱里泡一个晚上的。先将虾们醉倒后备用，将其余的料混合在一起放进锅里干炒数分钟，直到出来香味。把火关小后再接着炒数分钟，一定要将五谷和盐炒到滚烫。把虾从酒里捞出，在盘子里码成两排，每排虾头都冲外，在中间两排虾的虾尾交汇处堆上刚炒好的五谷杂粮香料，让它们捂个半小时左右即可上席。虾被捂熟后，香味都已入虾肉，吃上去感觉自然风味很足，好像在农家院子里弄出来的佳肴。

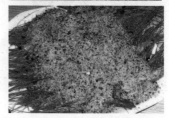

这是一道很好吃也很容易做，就是有点"残酷"的佳肴。

6.

风情独特的魁北克省

圣劳伦斯河可以算得上是加拿大的母亲河了。第一个发现加拿大这片土地的法国人就是沿着这条河进入这片国土的。魁北克这个词是由印第安土语"其贝卡"演绎而来，而"其贝卡"的意思就是"很窄的河"。宽阔的圣劳伦斯河流到魁北克附

近时河面突然收窄，这个窄对于土著人来说不过是方便了命名，而对当时在世界范围内风头正劲的欧洲人来说则有了战略意义，因为他们看到这个由宽变窄的河面马上体会到了一夫当关，万夫莫开的战略位置。

欧洲人用那些新近发明的日用品与土著人进行皮毛等土产品的易货交易，然后就有了英法之间的因皮毛贸易而导致的土地之争，争吵的结果显然就是战争。在加拿大国土上的英法战争以英国最后胜出了结，从此以后在这片土地上英国人法国人之间便有了永远的民族怨恨，至今仍然如此。

魁北克一共停了两站，蒙特利尔和魁北克城。俗话说一方水土养一方人，其实就是两种不同的文化都有着它们自己独特的味道和气息，即使是同存于一地也差异分明。蒙特利尔有印象的是席琳·迪翁（Céline Dion）结婚的大教堂——圣母院。教堂里面很漂亮，有很多手画的彩色玻璃，大体上呈蓝色。遗憾的是我们去的那个早上不知为何没有开灯，这使色彩大打折扣。教堂从外面看上去也很像一个缩小了的巴黎圣母院，两旁的钟楼、塔楼以及中间大门的结构、样式都与巴黎圣母院相似。

据说这里是蒙特利尔人心中的圣地、福地，大家都以能在那里举行婚礼为荣，因为会得到神的保佑。由于教堂的资源有限，所以排队等结婚的人的 waiting list 已经排到了两年后。

从教堂出来后就去了蒙特利尔奥运会的原址。从设计上来说，这个体育馆既是一个成功的案例同时又是一个不成功的案例。说它成功是因为当时从世界范围内来说，体育馆那几乎成 45 度角倾斜的天鹅脖子是属于罕见的高难度、高创意的设计，但从另一个角度来说它又是如此的不实用，而且后续问题多。世界上几乎每一个举办奥运会的城市最后都有钱挣，举办城市是既出了名又得了利，但蒙特利尔是个例外。蒙特利尔市对这个体育馆的投入和后来涉及到的维修费用使这个

城市大伤元气，弄得怨声载道，民愤很大。看来与众不同也
是要付出代价的。

　　由于时间很紧，蒙特利尔市并没有走太多地方，倒是晚
上去了一家口碑极好的 cafe，好像叫作"Ruberns Cafe"，说
是那里有蒙特利尔做得最地道的腌牛肉三明治。这个 cafe 离
下榻的 Sheraton 酒店很近，只有几个街口。到那儿一看好家伙，
门口排大长队。大家都是成群结队地来吃（也难怪，那天是
周五晚），乐呵呵地一边排大队，一边说笑着。我一个人便
有些不爽，于是走到里面去一探究竟，结果占了一个人的便
宜被服务生安排到了酒吧台就坐。打开 menu 一看，光是店里

引以为豪的腌牛肉三明治就有好几样，于是又缠着百忙中的服务生要她解释一下，终于在服务生的推荐下要了那份最最有名的三明治，然后就以 tourist 的样子坐在那里看风景，看人，等着上餐。那一大盘子端上来时真吓了我一跳，怎么那么多啊！蒸热的面包中央夹着卷好的、厚度约为两三寸的腌牛肉，里面还有些熟洋葱以及独家秘方制作的酱——我能品出酱里有一些 honey mustard，有一些 light mayo，还有一些黑胡椒和 coriander 之类的辛香料。味道确实不错，尤其是他们处理面包的方法值得借鉴。他们用的是蒸出来的 rye 那类的硬面包，但在蒸时却又有了足够的蒸汽给予面包很不同的口感。不敢久留因为明天一大早就得起床往魁北克城赶。

跟·篇·食·谱

咖喱西红柿酱熏牛肉面包

● 材料：熏牛肉 100 克 / 份，酸黄瓜两片，熟小葱头泥适量，生红洋葱片两片，脆白生菜一片，蜂蜜芥末酱，咖喱西红柿酱适量夹于肉层里。

● 酱的做法：蜂蜜芥末酱两勺，丘比酱两勺，咖喱粉一勺，西红柿酱六勺，香菜籽粉半勺，橄榄油两勺，蜂蜜一勺，将所有材料放一起，搅拌机搅匀。rye 面包（裸麦面包）两片每份。

● 做法：用蒸汽将面包蒸热，蒸软，将其他材料依次层叠放入即可。喜好强一点辣味的可加上蒜蓉辣酱。

我们这一款食品事实上成了一种德法混合夹肉面包，因为咖喱西红柿香肠是典型的汉堡街头食品，而咸牛肉则是蒙特利尔特色——有一款罐头咸牛肉就是用蒙特利尔咸牛肉来命名的。

7.

那个使人想起巴黎的地方

这个加国最古老的都市魁北克城充满了欧陆风情，历史陈迹处处可见：威震四方的军事要塞及古战场，炮台公园以及北美唯一保持完整的古城墙。最夺人眼球的要数那耸立于美丽的圣劳伦斯河边的城堡酒店了，它那绿色的尖顶成了魁北克市的新地标。

　　依山而筑的老城区地势高低不平，石头台阶以及石板路旁的各种商店和小酒馆使人浓浓地想起了巴黎的蒙马特，那个巴黎艺术家们聚集的地区。顶上那家城堡酒店有着类似于圣心堂的位置，它如君临天下般高高在上，商店、酒馆和街头演出都有着蒙马特区特有的味道。当然蒙马特的山脚下没有圣劳伦斯河，可它有巴黎啊！

　　小广场上和圣劳伦斯河边的观光走廊旁到处都是就地献艺的艺术家们。有一个在河边唱歌剧的男伶脸上的表情以及做派会使人在恍惚间以为在观赏歌剧的实景演出，于是在他面前那个很精致的盒子里放上了一份类似小剧院演出的票资。

　　从河边回到坡上来到了那条本地人引以为豪的购物街。两旁的商店都非常有特色，鲜有那些一般旅游区卖旅游品的乱哄哄的店面。就连唯一的一家百货店从门口看去也如同淑女般安静窈窕，这并不是说它没有生意，生意在那门面后的纵深处热热烈烈地进行着。

　　团里有一位购物狂女友非拉着我陪她购物，她终于如愿以偿地在此整了个"大丰收"。后来又在另外一家很小型的皮毛店里买到一条两面可以反穿的围脖，一边是那种豹纹斑的花色，另一面是那种很温和的驼色。这是我唯一动心的时候（因为之前我一再声明我马上要去纽约不想买任何东西），于是便问店员同色的是否还有，店员很遗憾地说只有别的颜色，这款没有了。

　　我想也许买这条毛皮围脖可能还有一些其他的心理因素，因为在以毛皮业起家的城市买一点它最古老的手工艺产品，似乎挺有意思的。

　　夜里宿在了魁北克市的一家酒店，可是晚上却感觉好像哪儿都是黑灯瞎火的，也许魁北克的人民恪守传统，包括传统的"夜生活方式"——那应该是在家里进行的，纯自然的，非常私密，水乳交融的那种吧。

法式传统红酒焖牛肉

● **材料**：牛肉（腱子肉较理想）1千克切大块，红酒四杯，香叶两片，丁香一勺，洋葱两个切丁（分两份），鲜蒜球一个去皮，黄油四勺，培根（腌五花肉片）200克切小块，面粉半杯，鲜百里香一支，牛肉高汤两杯，盐、胡椒适量，糖一勺，白平菇200克，意芹切碎。

● **做法**：一、将牛肉块、红酒、香叶、丁香、洋葱（一份）和鲜蒜混合均匀，密封后在冰箱放一个晚上。

二、先将培根肉炒至金黄搁在一边沥油备用，将牛肉捞出用面粉裹好后起锅煎烹，煎至牛肉表面金黄。

三、将牛肉、原来的腌汁以及其他的调料一起倒入锅内，大火煮开后换成小火再煮1.5小时。

四、做焦糖洋葱：放两勺黄油在平底锅里，煎炒洋葱丁（另一份）至微黄后，放入红糖和1～2勺新鲜奶油，将洋葱煮熟，这样焦糖洋葱就做好了。

五、另起油锅将白平菇放入炒至微黄后加入培根肉。

六、最后将牛肉锅收汁——讲究的人会先将肉捞出，光收汁，当然也可以带肉一起收，等到汁水粘稠成酱状，再用盐、胡椒调一下味，便可以上桌了。

　　这是一道传统菜，菜谱基本保持了法式原样，因为大多数原材料我们都可以轻易找到。这也是一道需要时间的菜，但是吃的时候成就感挺强。

8.
如画的牧场

前言：因为帮助家人的原因搬到 BC 内陆的小镇居住工作将近一年。开始很不适应，极不喜欢。因为跟什么都方便的温哥华比实在差得太远。小镇物质生活和精神生活都很贫乏，在经历了一次搬家后才慢慢开始领略它特有的那份美丽和安详。

从可以看湖的山坡搬到了山的较深处，整个风景就完全变了。靠湖的边沿，山坡陡峭，一排一排的房子建立在人工挖掘的山坡上，面湖而立，这些房子大多为退休的，或阿省、萨

省来的人买的度假屋，图的是它的景。而山里人家则是很随意地顺势而居，一间间简陋却也有特色的房子，要么依山而筑，要么遗世独立于果园深处。

我租的房子一拉开门看见的就是一个马场，马场的背景是远处的山峰，那片山峰横看成岭。这一条路两边不是牧场就是农场。牧场大多养马，只有一家是养羊驼的。羊驼们性情温和，姿态优雅，很像一群安分守己的小家碧玉。羊驼之家也是有别于马舍的，它们看上去少了一些动物习气的野和远，更多的是温和的柔顺。羊驼们看上去似乎喜爱群居，它们看见有人接近就像人一样先远远地凝望，然后其中的一只会先转过身来貌似迎接，其他的也会慢慢地效仿。估计羊驼中也有领头大哥。最后它们在栅栏前整齐地横排成一行，昂首眺望远方，看上去像赛狗场的出发点，只是我怎么都无法想象它们会毫无顾忌像一群疯狗似的狂奔。

羊驼场两边都是马场，其中一家有两匹刚出生不久的小马驹，它们总是很规矩地一起沿着马场的一边小跑，可能是在练习吧。看着它们有点儿挣扎的瘦小身形，心里会涌起一丝怜爱之意。

马场的草地里前几天开满了黄色的小野菊花，就在一夜之间整个草地突然变了颜色，仔细一看才知道，原来是蒲公英来袭。蒲公英这种白色的小飞絮占领力极强，可它们身段很低，既不起眼又不爱嚷嚷。它们使我想起一种人，就是那种不言不语，貌不惊人，心里够狠，志在必得的家伙。

坐在家门口，看着对面渐渐变色的山峰，等待夜色降临。正在落山的太阳的阳光和着云彩将对面的山峰像打舞台灯光似的，一层一层、一块一块地涂抹着，于是山峰就呈现出形状不同的阳光斑块，在涂抹完全完成后，山峰就回归了她的本色，隐约的一抹清黛。这时便是看星星和散步的好时光。

趣文一篇：牛肉的知识

这是一张"庖丁解牛"图，可以让大家看一眼自己平时买的肉都是哪些部位。肉的质量价钱大致是这样的：从中间开始，红色处就是牛的小里脊肉，后面的淡绿色就是里脊肉，这是牛肉里最贵和最嫩的部位。从中间依次往两边展开，这一横排就是平时大家买牛排时可能买到的肉了，包括西冷肉眼扒和T形扒等。当然你也可以用来小炒或红烧。底下的部位brisket就是我们所说的牛腩，flank就是比较老一点的牛肉了，炖汤、小炒或作肉碎都是可以的，买牛排的时候就尽量躲开它吧。

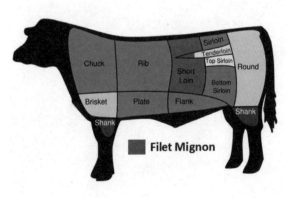

9.

苹果花开的小径

　　刚搬到农庄居住时正是苹果花开的季节。屋子的斜对面，挨着马场就是一片很大的苹果树林。我刚到第一天就迫不及待地冲进了苹果林，我想知道花打骨朵儿没有。一看之下，果然，苹果树满枝丫都是大小不同的花骨朵儿，偶尔有一两朵花在

春光中按捺不住地领先怒放。之后就每天晚饭后都会去走走，一边逛一边期待着如海的花儿一起怒放的那天。很快花儿们都按捺不住了，静悄悄地全数展开。

这一片苹果林应该属于两边那几栋屋子的主人。树儿们一排一排地被木架子和铁丝支撑着整齐地伫立成行，在无人的空间里成熟怒放。苹果树的中间是小条的草地，前几天草地上也盛开着艳黄的野菊花，同是一夜之间突然被蒲公英攻城略地，成了一片毛茸茸的白。

苹果花发出一股很浓郁的清香，我想可能因为主要是花儿们多且集中的原因吧，不然苹果花应该被描绘成一种淡淡的浅香。一个人静静漫步在苹果花夹道而开的林子里实在是一件很惬意的事情。心里开始胡思乱想，任思绪飞扬。一下子想起博尔赫斯的小说《小径分岔的花园》，美丽，诡异还有点出世。一下子又雄心勃勃地想作画，没准这片林子因我而成名。远处的青黛色山峦和迎面而来的熏人暖风使人产生一种美丽的虚幻感，感觉一切好像不是这个浮华世界的一部分。突然之间一声很沉闷的犬吠把我吓得心惊肉跳，一下回到现实里。赶紧绕道，没准是主人家护林子的家伙！

苹果林子里还有很多类似云雀的小鸟，叫声高亢亮丽，百转千回。很多时候贴着地面穿行，速度奇快。有时它们一个在东一个在西互相叽叽啾啾地调着情，一旦达成某种共识，便很猛烈地在空中互相扑过去，不知是否也共享云雨，总之叫声一下更加激烈起来。因为实在太美丽就给我的女友发去照片数张，跟她诉说这个人间仙境怎样怎样好，没想到的是第二天她就开车来了。苹果花大约持续了十来天的时间便开始慢慢落瓣结果。花儿谢得很快，好像一夜之间就零落成泥碾作尘了，花儿们慢慢变成了一只一只的小青果子，剩下的，只有绿如故。悲哀之际又给我女友发去颓落了的花儿的照片，告诉她花儿已作香尘，只有绿色依旧。她回短信道：美人逝，绿如故，烟花深处，只有酒如注。

　　朋友来的那几天，我逃班，两人一起远驾游山玩水，喝了不少，还第一次真正在野外碰到响尾蛇，毒蛇面前见真容——她跑得比谁都快，因为她已窜出一米远时，我还没看见那条带环状的蛇。蛇的出现把所有的诗情画意全给打回原形，美丽的大自然也是处处隐藏着险恶啊。

跟·篇·食·谱

乡野鲜材自酿鸡尾美酒

　　既然我们来到了乡土味非常浓的苹果园深处，那么也许酒饮也可以沿着这种感觉去配。一点点清酒，一点点玫瑰酒，一些些柠檬汁，再来点冒泡泡的矿泉水，外加一小丛鲜薄荷和几瓣鲜玫瑰花或苹果花去点缀，结果会怎样呢？看上去很诗意，味道好极了！比例：清酒加玫瑰酒 2/3，矿泉水 1/3，柠檬主要调口感用。鲜玫瑰花香味很浓，苹果花香味很雅、很淡，但它们色香俱全，是属于点睛的一笔。

10.

彩云追月的夜晚

　　这篇文章的本名是"彩云追月于丁香花开的村庄"这个名字实在太长，于是取其中心意思而成为了现在的这七个字。这个小山庄到处开满了丁香花，有紫，有白，还有粉红色，其中以紫丁香为主打。家家户户的前庭后院都养着那么几棵

丁香，而丁香们在仲春时分便怒放。丁香花除了依家傍户，还自生自长于无人的田野、路边。花开时节，芳香满溢。这个地方因为冬夏温差较大，雨水较少，花儿们开得特别饱满，特别旺盛。温哥华的丁香花很多长得不是很好，稀稀拉拉，花朵瘦小，也许与降雨量有关吧。

今天休息，白天到处逛，探仙寻幽，晚上回来家里，累了便坐在门外的凉椅上边喝冰镇的white wine边看夕阳落下，月亮升起。

吃顿饭的功夫，天色终于全暗了下来。昨晚我看的是星星，因为在半山腰的缘故，又加上附近少有人家，一下感觉离天近了很多，看了很久北斗七星，心里在想为何勺口的那颗星比其他六颗要暗许多，难道那颗离我们更远吗？

今天晚上是月明星稀的日子，天上飘着很多暗红和白色的云彩，尤其月亮附近的那堆云，在月色明亮的光辉衬托下，在黑暗的天空里显得分外妖娆。云们不时将月亮淹没，不时以月儿为背景跳着舞，同时摆出各种造型。看着月儿、云儿的游戏心里想起"彩云追月"的曲子，可不知为何总觉得那个调调与这个氛围不太搭。我觉得此情此景更接近肖邦的夜曲。

这一看就是一两个小时，真不知云儿和月亮在黑暗的夜晚也可以如此有趣！

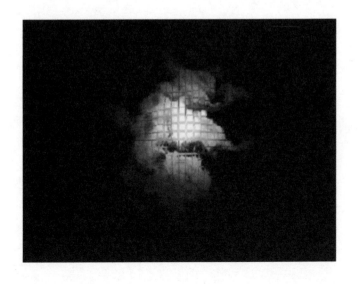

跟 · 篇 · 食 · 谱

山里人家的鸡肉红莓卷饼

这个食谱具有很浓的北美风味。鸡肉是北美人最热门的食用肉，而各种颜色的莓子在仲夏时分的田野、后院、路边长得到处都是。经常在路边的灌木里突然就会见到一挂成熟的黑莓晃晃悠悠地立在那儿等着鸟们来享用。因为莓子们的普遍性和美味，许多食物和饮料都会用它们做主打。这道菜食材容易找，做法极其简单，可以是一道非常好的周末午餐或早午餐。

●食材：鲜草莓、红莓（覆盆子）、蓝莓和黑莓混合后两勺（如果做得多则按个加量）。鲜的冰冻的都行——当鸡肉和其他东西炒热后夹杂在一起融化后，鲜的冻的差别很小。鸡肉（先炒熟即可）两勺，蘑菇一勺，青椒切碎一勺，混合鲜蔬菜一小碗，甜辣酱、辣蛋黄酱各少许（每人需量不同）。

● 做法：将各色莓子和鲜蔬菜混合，将鸡肉、蘑菇以及青椒倒入锅内，用极少水来焯（或干煸）1分钟后倒入拌碗，将莓子鲜菜叶倒入碗内用酱拌好混匀后卷入饼里即可。饼可用蜡纸卷起来然后用刀切开。饼的选用最好是皮塔饼（pita），因为它本来就是两层，可将所有的"馅"直接装进去然后卷起便是。也可以用薄一点的煎饼，只是不要太油的饼就好。

　　小贴士：这道简餐的最大关键是在炒鸡肉蘑菇和柿子椒时一定要炒足 1 分钟，或等柿子椒发出香味才可以起锅。不要用油，这道菜的最大卖点是口感好但无油。